工作过程导向新理念丛书

中等职业学校教材·计算机专业

U0116274

数字多媒体技术基础

丛书编委会 主编

钟华勇 曹利 等编著

清华大学出版社

北京

内 容 简 介

本书根据教育部教学大纲,按照新的"工作过程导向"教学模式编写。为便于教学,本书将教学内容分解落实到每一课时,通过"课堂讲解"、"课堂练习"和"课后思考"三个环节实施教学。

本书共 6 章 30 课,每课为两个标准学时,共 90 分钟内容。建议学时为一学期,第周 2 课时。本书囊括了数字多媒体技术最常用的理论知识和操作技巧,主要内容涉及数字媒体基础知识、文字和图片的采集与应用、音频视频的采集与应用、交互数字多媒体的制作与应用、数字媒体在办公中的整合应用等几个方面的知识,讲解了扫描仪、数位板、打印机、数码相机、录音笔、摄像机等常用数字办公设备的应用,以及 Photoshop、Premiere CS4、Flash、PowerPoint 等主流数字多媒体软件的实用技巧。

本书附有多媒体光盘一张,光盘中包含本书教学课件,以及主要案例的操作演示视频和素材文件等。

本书可作为中等和高等职业院校公共基础课程和专业基础课程的教材,也可作为各类技能型紧缺人才培训班教材。

图书在版编目(CIP)数据

数字多媒体技术基础/《工作过程导向新理念丛书》编委会主编. —北京:清华大学出版社,2011.5

(工作过程导向新理念丛书)

(中等职业学校教材. 计算机专业)

ISBN 978-7-302-24691-6

Ⅰ. ①数…　Ⅱ. ①工…　Ⅲ. ①数字技术:多媒体技术－专业学校－教材　Ⅳ. ①TP37

中国版本图书馆 CIP 数据核字(2011)第 018591 号

责任编辑:田在儒
责任校对:李　梅
责任印制:王秀菊

出版发行:清华大学出版社　　　　　　　　地　　址:北京清华大学学研大厦 A 座
　　　　　http://www.tup.com.cn　　　　邮　　编:100084
　　　　　社　总　机:010-62770175　　　邮　　购:010-62786544
　　　　　投稿与读者服务:010-62776969,c-service@tup.tsinghua.edu.cn
　　　　　质　量　反　馈:010-62772015,zhiliang@tup.tsinghua.edu.cn
印 装 者:北京嘉实印刷有限公司
经　　销:全国新华书店
开　　本:185×260　印　张:13.25　字　数:304 千字
　　　　　附光盘 1 张
版　　次:2011 年 5 月第 1 版　　　印　　次:2011 年 5 月第 1 次印刷
印　　数:1～3000
定　　价:29.00 元

产品编号:032123-01

学科体系的解构与行动体系的重构

——《工作过程导向新理念丛书》代序

职业教育作为一种教育类型，其课程也必须有自己的类型特征。从教育学的观点来看，当且仅当课程内容的选择以及所选内容的序化都符合职业教育的特色和要求之时，职业教育的课程改革才能成功。这里，改革的成功与否有两个决定性的因素：一个是课程内容的选择，一个是课程内容的序化。这也是职业教育教材编写的基础。

首先，课程内容的选择涉及的是课程内容选择的标准问题。

个体所具有的智力类型大致分为两大类：一是抽象思维，一是形象思维。职业教育的教育对象，依据多元智能理论分析，其逻辑数理方面的能力相对较差，而空间视觉、身体动觉以及音乐节奏等方面的能力则较强。故职业教育的教育对象是具有形象思维特点的个体。

一般来说，课程内容涉及两大类知识：一类是涉及事实、概念以及规律、原理方面的"陈述性知识"，一类是涉及经验以及策略方面的"过程性知识"。"事实与概念"解答的是"是什么"的问题，"规律与原理"回答的是"为什么"的问题；而"经验"指的是"怎么做"的问题，"策略"强调的则是"怎样做更好"的问题。

由专业学科构成的以结构逻辑为中心的学科体系，侧重于传授实际存在的显性知识即理论性知识，主要解决"是什么"（事实、概念等）和"为什么"（规律、原理等）的问题，这是培养科学型人才的一条主要途径。

由实践情境构成的以过程逻辑为中心的行动体系，强调的是获取自我建构的隐性知识即过程性知识，主要解决"怎么做"（经验）和"怎样做更好"（策略）的问题，这是培养职业型人才的一条主要途径。

因此，职业教育课程内容选择的标准应该以职业实际应用的经验和策略的习得为主，以适度够用的概念和原理的理解为辅，即以过程性知识为主、陈述性知识为辅。

其次，课程内容的序化涉及的是课程内容序化的标准问题。

知识只有在序化的情况下才能被传递，而序化意味着确立知识内容的框架和顺序。职业教育课程所选取的内容，由于既涉及过程性知识，又涉及陈述性知识，因此，寻求这两类知识的有机融合，就需要一个恰当的参照系，以便能以此为基础对知识实施"序化"。

按照学科体系对知识内容序化，课程内容的编排呈现出一种"平行结构"的形式。学科体系的课程结构常会导致陈述性知识与过程性知识的分割、理论知识与实践知识的分割，以及知识排序方式与知识习得方式的分割。这不仅与职业教育的培养目标相悖，而且与职业教育追求的整体性学习的教学目标相悖。

按照行动体系对知识内容序化，课程内容的编排则呈现一种"串行结构"的形式。在学习过程中，学生认知的心理顺序与专业所对应的典型职业工作顺序，或是对多个职业工作过程加以归纳整合后的职业工作顺序，即行动顺序，都是串行的。这样，针对行动顺序的每一个工作过程环节来传授相关的课程内容，实现实践技能与理论知识的整合，将收到事半功倍的效果。鉴于每一行动顺序都是一种自然形成的过程序列，而学生认知的心理顺序也是循序渐进自然形成的过程序列，这表明，认知的心理顺序与工作过程顺序在一定程度上是吻合的。

　　需要特别强调的是，按照工作过程来序化知识，即以工作过程为参照系，将陈述性知识与过程性知识整合、理论知识与实践知识整合，其所呈现的知识从学科体系来看是离散的、跳跃的和不连续的，但从工作过程来看，却是不离散的、非跳跃的和连续的了。因此，参照系在发挥着关键的作用。课程不再关注建筑在静态学科体系之上的显性理论知识的复制与再现，而更多的是着眼于蕴含在动态行动体系之中的隐性实践知识的生成与构建。这意味着，**知识的总量未变，知识排序的方式发生变化，正是对这一全新的职业教育课程开发方案中所蕴含的革命性变化的本质概括。**

　　由此，我们可以得出这样的结论：如果"工作过程导向的序化"获得成功，那么传统的学科课程序列就将"出局"，通过对其保持适当的"有距离观察"，就有可能解放与扩展传统的课程视野，寻求现代的知识关联与分离的路线，确立全新的内容定位与支点，从而凸现课程的职业教育特色。因此，"工作过程导向的序化"是一个与已知的序列范畴进行的对话，也是与课程开发者的立场和观点进行对话的创造性行动。这一行动并不是简单地排斥学科体系，而是通过"有距离观察"，在一个全新的架构中获得对职业教育课程论的元层次认知。所以，**"工作过程导向的课程"的开发过程，实际上是一个伴随学科体系的解构而凸显行动体系的重构的过程。**然而，学科体系的解构并不意味着学科体系的"肢解"，而是依据职业情境对知识实施行动性重构，进而实现新的体系——行动体系的构建过程。不破不立，学科体系解构之后，在工作过程基础上的系统化和结构化的产物——行动体系也就"立在其中"了。

　　非常高兴，作为中国"学科体系"最高殿堂的清华大学，开始关注占人类大多数的具有形象思维这一智力特点的人群成才的教育——职业教育。坚信清华大学出版社的睿智之举，将会在中国教育界掀起一股新风。我为母校感到自豪！

《工作过程导向新理念丛书》编委会名单

（按姓氏拼音排序）

安晓琳	白晓勇	曹利	成彦	董君	冯雁	符水波
傅晓锋	国刚	贺洪鸣	贾清水	江椿接	姜全生	李晓斌
刘保顺	刘芳	刘艳	罗名兰	罗韬	聂建胤	秦剑锋
润涛	史玉香	宋静	宋俊辉	孙更新	孙浩	孙振业
田高阳	王成林	王春轶	王丹	王刚	沃旭波	吴建家
毋建军	吴科科	吴佩颖	谢宝荣	许茹林	薛荃	薛卫红
杨平	尹涛	张可	张晓景	赵晓怡	钟华勇	左喜林

前　　言

　　在计算机日益普及的现代社会中,数字多媒体技术日益进入生活的各个领域,无论是家庭应用还是办公应用,都有数字多媒体技术的身影。十几年来,数字多媒体技术全面进入企事业单位,计算机逐步取代了传统的办公模式,而使企事业单位进入"无纸化办公"时代。随着 PC 性能的显著提高,价格的不断降低,专业软件也日益大众化,数字多媒体技术逐步为广大计算机用户和非计算机用户所掌握,同时数字多媒体技术的应用也从专业制作扩大到家庭娱乐等更为广阔的领域。

　　本书最大的特色是"案例式教学,每个案例均可作为独立的项目来运作"。在每个案例的知识点前面,尽量让读者先动手操作,使读者对该知识点有个理性的认识,然后在案例中展开详尽的解释,利于帮助读者尽快掌握该知识点。本书所有案例均有源文件以及素材和插件等,而且每个案例均配有教学视频文件,使读者更便于学习。

　　本书以"课"的形式展开,全书共 30 课。课前有情景式的"课堂讲解",包含了任务背景、任务目标和任务分析;课后有"课堂练习",分为任务背景、任务目标、任务要求和任务提示;每课的最后还安排了"课后思考"。

　　本书的最后安排了"实战练习",详细讲解了两个影视后期制作的全过程。

　　全书共分 6 章 30 课,主要内容如下:

　　第 1 章(第 1 和 2 课)讲解数字媒体技术的定义和常见分类;

　　第 2 章(第 3~10 课)学习常用的办公以及家用型多媒体技术,介绍包括扫描仪、数位板、打印机、数码相机、网络相册等的应用;

　　第 3 章(第 11~17 课)讲解多媒体音频、视频的录制拍摄以及编辑方法,学习 Adobe Premiere CS4 软件的应用技术;

　　第 4 章(第 18~20 课)学习交互数字多媒体技术的应用,通过用 Dreamweaver 软件制作互动网站和用 Flash 软件制作多媒体交互课件,来学习互动技术的应用;

　　第 5 章(第 21~28 课)通过实例,学习常用办公软件的各项常用功能,学习用图像处理软件以及动画制作软件来创作多媒体作品,以及制作多媒体光盘的方法;

　　第 6 章(第 29 和 30 课)通过两个课业设计,讲解将数字多媒体各个软件结合运用来创作多媒体作品的方法。

　　本书源于作者的亲身实践和学习经历。全书精选了 20 多个项目案例,涵盖了数字多媒体技术各方面的知识。通过对这些实例应用到的关键技术进行分析,详细地讲解了制作过程,使读者的水平由不会到会、由初级到高级的迅速提高。

　　由于编者水平有限,时间紧迫,错误和表述不妥的地方在所难免,希望广大读者批评指正。

编　者

2011 年 3 月

目　　录

第 1 章

数字媒体基础知识

第1课　数字媒体概述

　　20 世纪人类最伟大的发明之一是电子计算机,而计算机最伟大的应用就是对信息的处理及传播。计算机在对信息处理及传播方面相对于传统媒体而言,给人们的生活带来了革命性的变化,其对人类社会的政治、经济、文化也带来了全方位的影响。在计算机对信息的处理和传播中,数字媒体扮演了极其重要的角色。

　　毫无疑问,数字媒体革命给我们的生活和学习带来了巨大的方便与实惠。数字媒体已经成为继语言、文字和电子技术之后最新的信息载体。计算机音乐、人工智能、人机交流、交互式电视、虚拟现实等技术的开发,创造了新的艺术样式和信息传播方式。丰富多彩的电子游戏、多媒体电子出版物、网上杂志、虚拟音乐会、虚拟画廊和艺术博物馆、交互式小说、网上自由文艺沙龙、网上购物、虚拟三维空间网站以及正在发展中的全数码电视广播等,这些全新的数字媒体形式影响着人们生活的各个方面,全新的数字生活正在到来。

课堂讲解

任务背景：开始学习之前,了解数字媒体的特点以及功能等,才能有的放矢,事半功倍；数字媒体是计算机信息技术的产物,它给人们的生活带来了翻天覆地的变化。
任务目标：了解数字媒体的定义和特点以及具体表现形式。
任务分析：从宏观上了解数字媒体的定义与特点,应用和发展,运作载体以及如何实现它们,做到高屋建瓴,通观全局,以便于后续学习。

1.1　数字媒体的定义及特点

　　通过计算机产生、存储、处理和传播的信息媒体称为数字媒体(Digital Media)。数字媒体是媒体的一种形式。如果说传统媒体是以报刊杂志等为表现形式,那么数字媒体就是以计算机为载体的媒体表现形式。数字媒体是以信息科学和数字技术为主导,将信息传播技术应用到文化、艺术、商业、教育和管理领域的科学与艺术高度融合的综合交叉学科,这门综合交叉学科包括了图像、文字、音频、视频等各种形式。它在传播形式和传播内容中采用数字化,即对信息的采集、存取、加工和分发进行数字化的过程。

　　数字媒体是在传统媒体与计算机技术的基础上发展起来的,它自身有着独特的特点。

1. 数字媒体是更加人性和自由的媒体

在数字世界里,媒体不再是文字等信息,它可能是图像、声音、动画、游戏等。通过图像、声音、动画、游戏等形式来处理和传播信息,使信息更加生动活泼和自由。例如著名的皮克斯动画工作室,生产了大量脍炙人口的动画作品,如图 1-1 所示。

2. 受众变被动接受为主动参与

1) 传播方式的革命

传统的信息传播方式是大众被动地接受信息,例如,每天例行公事式的阅读报纸和新闻,使人们接受信息。但是数字媒体改变了这一方式,它让大众主动地参与信息的发起和传播。例如 Web 2.0 社区网络,就是需要全民参与互动的网络平台。博客、论坛等都成为信息、舆论的传播者和制造者。

2) 媒体信息的交互性

媒体信息数字化使信息在传播中的交互性更容易实现。随着计算机网络带宽速度的提高,软件技术的发展,更多丰富的媒体表现形式将不断引入到数字媒体的传播中。网上房地产使客户足不出户即可看房;网络游戏更是只要一个账号即可共享虚拟网游的乐趣。图 1-2 所示为著名的游戏公司暴雪娱乐(Blizzard Entertainment)所制作的一款大型多人在线角色扮演游戏《魔兽世界》的游戏场景。

图 1-1   图 1-2

媒体信息交互的形式和功能日趋丰富。如现在的室内装修设计网站允许用户根据自己的审美观念去选择不同的设计风格、材料,甚至根据用户的不同选择能自动进行成本预算。

3) 信息发布者的大众化

在数字媒体传播中任何人都是平等的,只要加入了网络,就可以方便地发布信息,这种信息发布的自由、快捷、廉价和平等在以往的信息传播中是绝不可能的。数字传播是平民化的传播。如现在出现的很多个人网站,域名空间也可以免费申请,只需要投入一点点时间和精力就可以把信息发布到世界的各个角落。

3. 数字媒体是技术与艺术的融合与发展

从照相机、摄像机、电影的发展和应用来看,数字媒体虽然在表现形式、传播途径、传播形式和传播效能上较传统传播媒体有了很大的飞跃,但在媒体本质上却与传统媒体没有任何区别,而且它使媒体的本质特性越发清晰了。数字媒体及其传播是随着科学技术的不断发展而产生的新兴事物,技术在其中所占的比重比在传统媒体中要大,很多数字传播都要在强大的技术支持下才能实现。数字媒体是技术与艺术的融合,例如历史悠久的环球电影集团,已从生产传统的胶片电影发展到如今的数字电影,如图 1-3 所示。

4. 传播的简洁化

通过光盘、硬盘、U 盘等存储媒介存储成千上万的书籍、资料、信息,使学习知识、检索信息更加方便,如图 1-4 所示。

图　1-3

图　1-4

1.2　数字媒体的应用

数字媒体传播技术是多媒体技术与网络通信技术的结合,它将从根本上改变现代社会的信息传播方式,是新互联网技术(信息高速公路)的基础。作为以计算机技术为基础发展起来的数字媒体技术,它的发展不仅对计算机技术产生了巨大影响,而且其应用已涉及国民经济与社会生活的各个方面,给人类的生活方式和工作方式带来了巨大的变革。

1. 生活方式上的应用

特别是在 20 世纪 80 年代以后,个人计算机技术的飞速发展、平台性能的快速提升,使计算机成为一个大规模的产业,对整个社会的影响深入而广泛。促成了诸如"宅男"、"宅女"一族的生活方式,足不出户即可进行网上购物,直至送货上门。图 1-5 所示为购物网站"淘宝网"页面。

图　1-5

2. 工作方式上的应用

自从电子计算机发明以后,数字信息处理技术得到迅速的发展,其应用覆盖了社会生活的各个方面。数字媒体的发展改变了人们的生活,也改变了人们的工作方式。"威客"一族的悄然兴起,使业务变得简单而人性。人们无须见面,即可通过网络和银行等进行交易直至完成业务。办公自动化、数据处理系统、多媒体课件等计算机信息技术进入企事业单位和学校,使工作更加便捷和人性化。网络商业的迅速崛起,使得不少白领丽人更愿意"宅"在家里自由创业而放弃上班族的乏味生活。从当前的市场来看,几乎每个企事业单位都有自己的网站,有些单位索性直接进行网络交易而无须与客户见面;个人网站的兴起也是数字多媒体应用的绝佳例证,如图 1-6 所示。

图　1-6

3. 学习方式上的应用

人类文明的传播和发展经过历史的洗涤曾几经变革,印刷术和纸的发明,改变了人类文明的传播方式。如果说传统的学习方法是靠书写和死记硬背,那么当前的学习方式就显得无比丰富多彩。学习机、录音机、复读机等的普及,以及多媒体互动教育片等辅助教学,无不影响和改变着人们的学习方式和学习效率。

4. 休闲娱乐方式上的应用

当生活逐渐城市化以后,人们的生活变得更加仓促和"陌生",围炉而坐的谈话方式逐渐淡出人们的生活,取而代之的是与陌生人的 QQ 聊天或者在开心网互相"偷菜"取乐(如图 1-7 所示)。"篝火宴会"也被 KTV 和数字化的迪厅取代,无论哪种娱乐方式,都能给人们带来无限乐趣,数字媒体化的娱乐方式给人们带来更多感官上的刺激,使得在繁忙的工作之余得以放松。

5. 其他方面的应用

在当今人类社会文明高度发达的同时,数字媒体的前景也是十分美好的。当今的企事业单位办公方式已经逐渐进入"无纸化"办公,电子杂志的兴起也是报纸杂志等出版物的革命性突破。此外,数字媒体应用到大型商业活动更是不胜枚举。如企业形象宣传、产品宣传、多媒体互动演示等。

在 2008 年奥运会期间,奥运会"新媒体参与转播",并有"北京 2008 奥运会将是第一次真正意义上的'宽带奥运'、'无线奥运'",如图 1-8 所示。

图 1-7

图 1-8

2008 年 6 月,美国、英国、法国、意大利、西班牙、德国和澳大利亚 7 个国家在世界新闻报纸协会会议上发表民意调查说:未来 5 年,人们获取信息的主要来源将从电视转移到网络。

尽管这样,数字新媒体还有漫长的道路要走。对于未来发展,伴随着数字媒体技术的不断完善和发展,数字媒体必然会逐渐取代传统媒体成为主流传播媒体,为人们的生活带来更多的改变和不同的体验。

1.3 数字媒体的载体设备

在办公桌上会看到典型的计算机部件:带有各种插槽和按钮的机箱、显示器、键盘、鼠标、音响和打印机。机箱后面并不会给大家留下什么特殊的印象,这是一堆接入连接器的缆线,很难想象这就是产生数字媒体形式的装置。

作为数字媒体最基础的载体设备——计算机,其组件能力决定了它的工作能力,很多媒体工作者都有自己的计算机,如图1-9所示。

　　然而,只有打开机箱时才可以看到最为关键的区别,称为数字画架,它架设起计算机的主体,为数字多媒体的创作提供了平台。

　　主板是每台计算机的基础,它是个方形的插卡,看上去跟普通的电路板非常相像,但它是计算机中所有内部通信的核心,所以在选择计算机主板的时候,大部分数字艺术家或者设计师都选择大公司生产的电路安排完善稳定的主板,如图1-10所示。

图 1-9

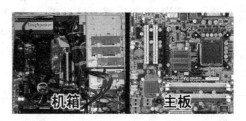

图 1-10

　　主板中心的中央处理器(CPU),它是整个计算机的大脑。处理器的速度以兆赫(MHz)或者吉赫(GHz)为单位进行计量。因此,计算机都打出这样的广告:"AMD Phenom X4 9850(2.5GHz)处理器"或者"Inter 酷睿 i7 975 EE(3300MHz)"。作为计算机的大脑,它的发展成为计算机技术的关键,目前世界上最主要的CPU生产商是Inter和AMD,如图1-11所示。

　　附属在主板上的还有几排薄薄的随机存取储取器(内存),也就是RAM。这些存储芯片在计算机运行时临时存储程序和信息。虽然听起来可能不符合逻辑,但RAM的数量对于计算机的运行速度有着很大的影响。信息在RAM中的运转速度很快,当RAM的存储容量耗尽时,运转速度就会变慢。对于处理过程比较复杂的程序,例如在Photoshop里处理一张像素非常高的图或者在Maya里渲染一张超高清的效果图,如果没有足够的RAM时,则可能导致操作反应迟钝,甚至系统崩溃。

　　在计算机机箱内部,还有一个非常宽大的插件插在主板上,它就是显卡(Video Card),它将处理器产生的数字信息转换成显示器可以显示的格式。如今,高端的视频卡或者显卡都有自己的内存和处理器,这样可以提高计算能力并分担图像处理的工作量。内存和显卡如图1-12所示。

图 1-11

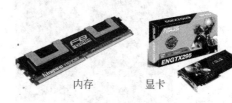

内存　　　　显卡

图 1-12

　　声卡(Sound Card)的功能与显卡类似,它将计算机自身或CD中的输入转换成扬声器可以识别的模拟信息格式。它还可以反向操作,将一些音源(例如麦克风)的输入数字化,从而可以在计算机中编辑声音。如果用户的工作包括声音录制和编辑,则声卡的质量也非常重要。

传输到计算机的信号即输入(Input)是通过键盘和鼠标实现的。此外,数位板的诞生使用户可以像操作钢笔一样方便自由地操作计算机。

扫描仪用于将艺术家所使用的各种素材数字化,并转化为计算机可识别的形式。最常见的一种是平台扫描仪,它将照片、印刷品和图画等平面图形数字化,这一内容将在以后的课程中具体讲解。

如果没有保存,当计算机突然关闭时,正在细心编辑的声音、图像或者数字信息将会永远消失。自从第一台计算机诞生以来,软盘、压缩磁盘或 CD-ROM 等便携式媒体也在持续发展并不断增加存储容量。硬盘是计算机的永久存储器。曾经以兆字节(MB)来计量的硬盘,现在已经快速增长到吉字节(GB)。在软件复杂度持续增长的时代,技术及存储容量的增长是必须的。目前一般的用户硬盘是 80～160GB。如果还想扩张计算机存储容量,可以尝试购买 U 盘或者移动硬盘等辅助存储设备。

1.4　数字媒体常用软件介绍

正如没有计算机程序或软件,世界上最好的硬件也没有价值一样,计算机最重要的软件是操作系统。数字媒体艺术家和设计师在使用计算机作为创作工具时,应用到的最重要的工具设备就是各种强大的数字媒体软件。

在最近的 20 年,计算机图形程序将它们自身分为几种不同的类型。现在,数字媒体艺术家和设计师平时使用的软件可以方便地将其专业分类。虽然大多数艺术家使用很多软件,但通常只有一两个软件是首选工具,也是他们的思维焦点。

平面数字图像处理软件是平面图像设计师的首选工具,其中以 Adobe Photoshop[图 1-13(a)]和 CorelDRAW[图 1-13(b)]为代表,它们分别代表着位图与矢量图的图像处理软件。

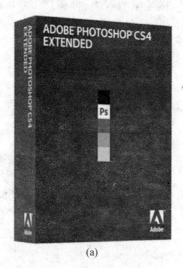
(a)

(b)

图　1-13

Adobe Photoshop 是世界顶尖级的图像设计与制作工具软件。图像处理是对已有的位图图像进行编辑加工处理以及运用一些特殊效果,其重点在于对图像的处理加工。在表现图像中阴影和色彩的细微变化方面或者进行一些特殊效果处理时,使用位图形式是最佳的选择,它在这方面的优点是矢量图无法比拟的。

CorelDRAW 是 Corel 公司出品的矢量图形制作工具软件,这个图形工具给设计师提供了矢量动画、页面设计、网站制作、位图编辑和网页动画等多种功能。

CorelDRAW 软件套装更为专业设计师及绘图爱好者提供简报、彩页、产品包装、标识、网页、其他智慧型绘图工具以及新的动态向导,可以充分降低操控难度,更加容易精确地创建物体的尺寸和位置,减少点击步骤,节省设计时间。

当然伴随着竞争,新的平面图形处理软件也不断涌现和应用,例如 Adobe 的 Illustrator [图 1-14(a)]作为 CorelDRAW 在矢量图像处理领域中最有力的竞争者,以其独特的优势也被很多设计公司和工作室应用。而在高清画质的摄影图像处理与图像数据管理软件中以 ACDSee[图 1-14(b)]最为常用。

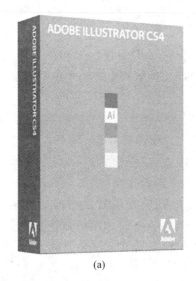

(a)   (b)

图   1-14

传统绘画通过在计算机中的虚拟为更多人打开了计算机绘画之门,其中最常用功能也是最强大的软件就是 Corel Painter,它是数码素描与绘画工具的终极组合,是一款极其优秀的仿自然绘画软件,拥有全面和逼真的仿自然画笔。它是专门为渴望追求自由创意及需要数码工具来仿真传统绘画的数码艺术家、插画画家及摄影师而开发的。

它能通过数码手段(如数位板)复制自然媒质(Natural Media)效果,是同级产品中的佼佼者,获得业界的一致推崇。Corel Painter 被广泛应用于动漫设计、建筑效果图、艺术插画等方面,呈现了许多绚丽的数字媒体效果,如图 1-15 所示。

在网页设计与制作的软件领域,以 Adobe 公司的 Dreamweaver[图 1-16(a)]、Flash[图 1-16(b)]、Fireworks[图 1-16(c)]为代表的网页设计软件以其简单、方便、可视性强的优点成为网页设计与制作中

图   1-15

最常用的数字软件,被称为网页设计"三剑客"。

(a)　　　　　　(b)　　　　　　(c)

图　1-16

其中 Flash 作为一个交互式动画设计工具。它使用矢量图形和流式播放技术,通过使用关键帧、图符和简单的编程语言将音乐、动画、声效,以交互方式融合在一起来生成动画。

它强大的动画编辑功能使设计者可以随心所欲地设计出高品质的动画,通过 Action 和 FS Command 可以实现交互性,使 Flash 具有更大的设计自由度。另外,它与当今最流行的网页设计工具 Dreamweaver 配合默契,可以直接嵌入网页的任一位置,非常方便。因而 Flash 已经慢慢成为网页动画的标准,成为一种新兴的数字媒体。

三维图像图形处理软件也在平面数字图像处理软件的发展中应运而生,从 1990 年 Autodesk 推出的第一个动画软件——3D Studio,到现在,三维图像软件多达上百款。各种三维软件各有所长,可根据工作需要进行选择。最常用的三维软件有:3ds Max、Maya、Softimage XSI、VRP(VR-Platform)。

3ds Max 是 Autodesk 公司开发的基于 PC 系统的三维动画渲染和制作软件。它作为世界上应用最广泛的三维建模、动画、渲染软件,完全满足制作高质量动画、最新游戏、设计效果等领域的需要,如图 1-17 所示。

Maya 是美国 Autodesk 公司出品的世界顶级的三维动画软件,应用对象是专业的影视广告、角色动画、电影特技等。Maya 功能完善,工作灵活,易学易用,制作效率极高,渲染真实感极强,是电影级别的高端制作软件。软件封面如图 1-18 所示。

图　1-17　　　　　　　　　　　　　图　1-18

Softimage XSI 是与 Autodesk Maya 同为电影级的另一套超强 3D 动画工具，也在国际上享有盛名，它在数字动画领域可以说是无人不知的大哥大。《侏罗纪公园》《第五元素》《闪电悍将》《神隐少女》《虫虫危机》《红磨坊》《少林足球》等电影里都可以找到它的身影，特别在电视传播界使用极为广泛。近年来，3D 动画被普遍应用于平面美术设计、工业设计、室内设计、广告影片、电影特效、电玩游戏、虚拟网络、电子商务、多媒体光碟等各项领域，如图 1-19 所示。

图　1-19

VR-Platform 三维互动仿真平台是由中视典数字科技有限公司独立开发的具有完全自主知识产权的一款三维虚拟现实平台软件，可广泛地应用于视景仿真、城市规划、室内设计、工业仿真、古迹复原、桥梁道路设计、军事模拟等行业。该软件适用性强、操作简单、功能强大、高度可视化、所见即所得，它的出现将给正在发展的 VR 产业注入新的活力，如图 1-20 所示。

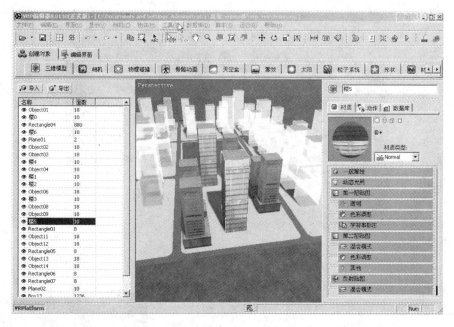

图　1-20

数字视频是伴随着计算机多媒体技术发展起来的。从 20 世纪 50 年代发明了字符发生器以来，无数令人难忘的电影、MTV 和短片都是通过摄像机将外界影像的颜色和亮度信息转变为电信号，再记录到储存介质（如录像带）。播放时，视频信号被转变为帧信息，并以每秒固定的帧速投影到显示器上，让观者认为它是连续不间断地运动着的。而在处理这些采集来的视频的时候，需要使用许多软件对视频与音频进行剪辑与合成。其中在视频剪辑与合成中数字媒体艺术家和设计师最常用的软件是：Adobe Premiere Pro、Adobe After Effects 和会声会影。在音频制作中常用的软件是 GoldWave。

Adobe Premiere Pro 是目前最流行的非线性编辑软件，它是数码视频编辑的强大工具，它作为功能强大的多媒体视频、音频编辑软件，应用范围不胜枚举，制作效果美不胜收，足以协助用户更加高效地工作。Adobe Premiere Pro 以其新的合理化界面和通用高端工具,兼顾了广大视频用户的不同需求,在一个并不昂贵的视频编辑工具箱中,提供了前所未有的工作能力和灵活性。Adobe Premiere Pro 是一个创新的非线性视频编辑应用程序,也是一个功能强大的实时视频和音频编辑工具,是视频爱好者们使用最多的视频编辑软件之一。

Adobe After Effects 借鉴了 Photoshop 的中层概念,使 After Effects 可以对多层的合成图像进行控制,制作出天衣无缝的合成效果;关键帧、路径概念的引入,使 After Effects 对于控制高级的二维动画如鱼得水;高效的视频处理系统,确保了高质量的视频输出;而令人眼花缭乱的特技系统,更使 After Effects 能够实现使用者的一切创意,将视频编辑合成上升到了新的高度。

相对 Premiere 来说,After Effects 更擅长于数字电影的后期合成制作。其强大的功能以及低廉的价格,使它在 PC 系统上可以完成以往只有在昂贵的工作室上才能够完成的合成效果。现在,After Effects 已经被广泛地应用于数字电视、电影的后期制作中,而新兴的多媒体和互联网也为 After Effects 提供了宽广的发展空间,如图 1-21 所示。

图　1-21

会声会影是 Corel 公司开发的专为个人和家庭量身打造的最简单、好用的影片剪辑软件。领先兼容 Sony 最新款 AVCHD 摄影机,直接汇入撷取并转档刻录成 DVD。DV-to-DVD 刻录精灵快速扫描,轻松选择需要的片段,同时汇入影片拍摄日期、时间作为字幕,完整备份最原始的生活影音记录。此外,影片快剪精灵领先各同类产品,提供各种专业级的多重覆迭变化及酷炫的滤镜特效的主题范本,只要撷取、套用、刻录三步骤,轻松完成个人 MV 及家庭影片,如图 1-22 所示。

GoldWave 是一个功能强大的数字音乐编辑器,它可以对音乐进行播放、录制、编辑以及转换格式等处理。GoldWave 以简便操作,多文档处理能力,丰富的声音效果,强大的声音修复功能(如降噪器和突变过滤器),多种格式声音转换的特点,为广大数字

图　1-22

媒体艺术家或设计师，以及普通的人群所广泛应用，如图 1-23 所示。

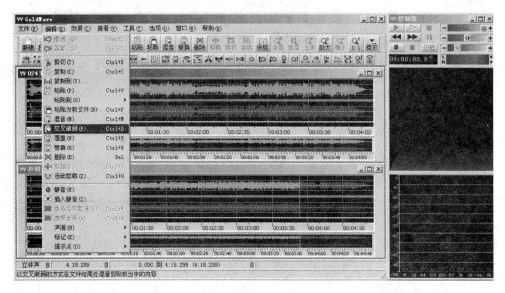

图　1-23

除了以上专业软件外，还有其他办公软件，例如办公自动化 Microsoft Office 的系列软件 Word、Excel、PowerPoint 等。Word 主要用做高级排版、表格设计；Excel 用于处理表格、函数、图表；PowerPoint 用于幻灯片课件的制作。这些是最常用的办公室多媒体软件，必须掌握，如图 1-24 所示。

软件的功能是强大的，它为数字媒体艺术家或设计师的创作提供了无限的支持和帮助。伴随着计算机技术的飞速发展，新的软件技术可以说是层出不穷，但是不可以忽略传统的技能。作为一个数字媒体艺术家，首先要具备良好的绘画、雕刻、设计造型等传统技能，它能使数字媒体艺术家在艺术修养和创作中，更加游刃有余。

图　1-24

课堂练习

任务背景： 通过学习，了解数字媒体的基本概念以及在生活中的应用。同时明白作为一个媒体数字艺术家或设计师，应该拥有何种设备和掌握何种软件。当对本行业已经有大概的了解时，便可亲自动手体验这些软件。

任务目标： 了解数字媒体载体设备和软件信息，亲手体验数字媒体操作软件。

任务要求： 熟悉数字媒体设备和软件，尝试几款数字媒体软件，体验制作数字媒体的魅力。

任务提示： 可多尝试几种软件，加以比较，熟练掌握市场主流应用软件。

课后思考

（1）数字媒体与传统媒体相比，具有哪些独特的特点？

（2）试分析电子出版物与传统出版物在形式上的异同。

（3）试讨论数字媒体在今后社会中会有哪些方面的新应用。

第2课　数字媒体的常见分类

　　随着计算机技术、网络技术和数字通信技术的高速发展与融合，传统的报刊、广播、电视、音像及电影等快速地向数字报刊、数字音频、数字视频、数字电影方向发展，传统媒体都同时以数字化的方式存在和传播，媒体数字化浪潮滚滚而来，传统媒体的类别在数字化的整合与发展中逐渐演变为数字媒体的分类。

　　最常见的数字媒体分类是根据数字媒体处理的内容不同，将数字媒体分为三大类。

　　（1）图文数字媒体，主要处理文字和图片信息，如平面设计和数字绘画等。

　　（2）音视频数字媒体，主要处理音频与视频，如数字电影、数字视频和音频的制作。

　　（3）交互数字媒体，主要处理网页和交互程序，如网络游戏、网页设计和电子杂志等。

课堂讲解

> **任务背景**：上节课对数字媒体进行了全局的解析，数字媒体在现代化城市生活中无处不在，数字媒体根据其处理内容的不同可分为不同的类别。
>
> **任务目标**：了解身边的数字媒体属于哪个种类，以便更好地认识数字媒体。
>
> **任务分析**：通过了解，对这些数字媒体的感受更加深入人们的心中，这样才能把它们应用到市场中去。

2.1　图文数字媒体

　　图文数字媒体，是指以图形与文字设计为主要传播信息的数字媒体技术。它包括现在的数字绘画、电子出版物和二维动画等领域。伴随着数字软件的发展以及大量媒体的应用，平面图形设计师用它改造了传统的绘画、出版物和二维动画，代替了以手工为主的传统方式，运用计算机设计和制作不仅减少了成本和时间，而且还带来了传统艺术手法所无法达到的效果。

1. 数字绘画

　　首先，在绘画上，传统绘画只能依靠铅笔、粉笔、蜡笔、水彩和油画棒等在各种画纸上进行创作。而数字绘画软件通过虚拟软件在计算机中创造出近乎同样的功能和效果，尤其是数位板的出现为数字化绘画带来了巨大的推动作用。同样，数字触屏技术的发展为艺术家带来了全新的创作空间，也为数字媒体的发展带来了革命性的体验，如图2-1所示。

　　通过在计算机中的创作，不仅使艺术家在绘画的效果和成本上得到改进，创作出了传统绘画无以比拟的效果，而且更易于保存和传播，数字绘画使更多传统的艺术家走进数字媒体艺术家的行列，为数字媒体的发展做出了巨大贡献。如CG绘画艺术家蒋立明的作品（见图2-2）。

图 2-1   图 2-2

    与传统媒介相比,虽然数字绘画有着独特的艺术语言,但基本原理(透视学原理、明暗关系、色彩关系等)和其他艺术形式都是相同的。在绘画发展的历史中,出现了千姿百态的表现手段、形式技巧和风格特色,无论哪种形式,最重要的是依赖视觉来感受和欣赏造型艺术,要求艺术创作的思想性与艺术形式要完美结合,既是现实生活的反映,也包含着作者对现实生活的感受,反映了画家的思想感情和世界观,同时还具有美感。

2. 平面设计

    设计是用一些特殊的操作来处理一些已经数字化的图像的过程。它是集计算机技术、数字技术和艺术创意于一体的综合内容。设计是设计家有目的地进行艺术性的创造活动。设计就是一种工作或职业,是一种具有美感、使用与纪念功能的造型活动。

    平面设计即用视觉语言进行传递信息和表达观点,如企业形象系统设计、字体设计、书籍装帧设计、行录设计、包装设计、海报/招贴设计等都属于平面设计。在平面设计中用视觉元素来传播设计者的设想和计划,用文字和图形把信息传达给受众,如图2-3所示。

图 2-3

3. 传统动画制作

二维动画的传统制作方式是用画笔在纸上一张一张画出来，再拍摄到胶片里。二维动画用传统方式来制作是一个非常巨大的工程，例如，我国52集动画连续剧《西游记》（如图2-4所示）绘制了100万张原画，近2万张背景，共耗纸30吨，耗时整整5年。在迪斯尼的动画大片《花木兰》中，一场匈奴大军厮杀的场景仅用一张手绘士兵的图，计算机运用其强大的虚拟功能就变化出三四千个不同表情的士兵作战的模样。《花木兰》设计总监表示，该影片如果用传统的手绘方式完成，以制作小组的人力，完成整部影片的时间可能要由5年延长到20年，而且要拍摄出片中千军万马奔腾厮杀的场面基本是不可能的。可见数字媒体为二维动画制作带来了革命性的变革。

图　2-4

2.2　音视频数字媒体

音视频数字媒体，是指以视频和音频为主要传播信息的数字媒体艺术。它包括数字视频、数字音频、电脑动画、影视后期特效等。

1. 数字视频

数字视频是指以数字信息记录的视频资料。通过摄像机将数字信息转换为电信号记录到储存介质。播放时，视频信号被转变为帧信息，并以每秒约30帧的速度投影到显示器上，使人们认为它是连续不间断地运动着的。现在的数字电影、电视节目、视频光盘、手机视频等数字媒介都属于数字视频的范畴。

伴随着科技发展，普通的个人计算机进入了成熟的多媒体计算机时代。各种计算机外设产品日益齐备，数字影像设备争奇斗艳，视音频处理硬件与软件技术高度发达，这些都为数字视频的流行起到了推动的作用。例如，著名的3D电影《AVATAR》画面如图2-5所示。

2. 数字音频

数字音频是指用数字格式存储的，可以用互联网和无线网络来传输的音频。它的优点是通过网络的传输，可以很方便地对音频进行复制、播放，音频的质量不会下降。平常见到的数字音频包括：数字音乐、数字语音。在日常生活中，下

图　2-5

载的 MP3 格式的音乐，听到的彩铃都属于数字音频。

3. 计算机动画和影视特效

计算机动画是当今最热门的数字视频应用之一。美国在 20 世纪 70 年代末便利用计算机模拟人物活动。1982 年，迪斯尼推出了第一部计算机动画电影《电子世界争霸战》。随着计算机运算速度越来越快，以及图形处理、数据存储和网络功能越来越强，计算机三维动画制作也从实验室走向应用。20 世纪 90 年代，计算机三维动画制作已广泛应用于影视、娱乐等领域。电影《飞屋环游记》中的画面如图 2-6 所示。

4. 其他领域

目前，不但电视、电影大量运用计算机动画技术，其他领域也广泛应用计算机动画技术，如广告设计、建筑展示、工程演示、美术教育、休闲娱乐、飞行模拟、空间开发、产品演示等。图 2-7 所示为近年流行的真人与机器互动游戏场景。

图　2-6

图　2-7

2.3　交互数字媒体

所谓交互数字媒体，是指用户和媒体能形成互动的媒体形式。

交互数字媒体最大的特点体现在它的互动上，交互的前提是在稳定的平台基础上实现互动交流，而数字媒体最大的平台就是互联网。

1. 网络游戏

在互联网迅速发展的今天，交互数字媒体已经深深地融入人们的生活。最具典型的例子就是游戏，尤其是网络游戏，以网络和游戏软件为平台实现了多台计算机的互动娱乐，它运用虚拟现实技术、图形成像技术和网络交互技术等时尚前沿的数字媒体技术，充分体现了交互数字媒体的特点。

互联网平台的第一个网络游戏是 1996 年秋季发布的《子午线 59》，这款游戏由 Archetype 公司独立开发，3DO 公司发行。

几乎同时推出的更加成熟的网络游戏——《网络创世纪》的成功加速了网络游戏产业链的形成。随着互联网的普及以及越来越多的专业游戏公司的介入，网络游戏的市场规模迅速膨胀起来，逐渐形成了现在的网游市场。图 2-8 所示为中国传媒大学动

图　2-8

画学院游戏专业学生基于 bang 规则设计的《三国杀》网游。

当前网游中最具代表的是由著名游戏公司暴雪(Blizzard Entertainment)制作的《魔兽世界》(*World of Warcraft*),它运用了先进的 3D 引擎制作,通过高效快速的网络虚拟空间技术,成为当前最典型的网游代表。

2. 网站网页设计

交互数字媒体不能简单地等同于网络游戏,网页作为网络的一个基本元素,也成为交互数字媒体的重要组成部分。

网页是构成网站的主要元素,是承载各种网站应用的平台。文字与图片是构成一个网页的两个最基本的元素。可以简单地理解为:文字,就是网页的内容;图片,就是网页的美观。除此之外,网页的元素还包括动画、音乐、程序等。

伴随着 Flash 网络广告动画的迅速发展和广泛应用,以及网页程序的开发,网页已经逐渐脱离了简单的平面图文效果。网页作为互动数字媒体最直接的体现,在数字媒体技术的推动下正向多角度可视化,快速交互和动画与特效结合运用的方向上发展,网页的未来充满可能性,如图 2-9 所示。

图 2-9

3. 电子刊物

电子刊物作为图文数字媒体中最具代表性的电子出版物,是数字媒体发展的一个典型体现,与传统纸质出版物相比,它具有信息量大、可靠性高、承载信息丰富、较强的交互性、制作和阅读方便等特点。

电子出版物主要包括:电子杂志、电子报纸、电子书籍等。电子杂志以制作简单,发布平台多,大众化,传播广,成为主流电子出版物之一。比较好的电子杂志制作软件有 iebook 超级精灵 2008、Zinemaker 2007,通过这些软件可以制作出各种个性的电子杂志,如图 2-10 所示。

交互数字媒体除了包含以上媒体形式外,还包含许多其他的方式和平台。在网络平台中,可以看到网上电视点播、电视会议、可视电话、网上购物、网上银行、网络图书馆等高速、可视化的交互模式媒体。

图　2-10

课堂练习

任务背景：通过第2课的学习，我们了解到了数字媒体的常用分类、具体内容以及定义和市场应用。

任务目标：根据本课内容，动手去体验每个类型数字媒体的应用，体验它的优越性。

任务要求：对数字媒体的分类进行了解和认识，写一份体验报告。

任务提示：尝试了解多种数字媒体类型，包括潜在的媒体形式。

课后思考

（1）数字媒体的分类方式不同，尝试找出其他的分类方式。

（2）网络游戏与数字媒体的哪些技术有联系，具体表现是什么？

（3）试讨论未来数字媒体还会出现哪几种类型。

第2章
文字和图片的采集与应用

第3课 扫描仪的原理与应用

在上一章,学习了数字媒体的常见分类。在接下来的内容中,将逐步根据数字媒体的分类,对数字多媒体办公设备和应用技术进行讲解。

图文数字媒体的基本元素是图像和文字,所以进行一切图文数字媒体创作的首要步骤,就是收集和输入图像以及文字素材。利用扫描仪扫描是采集图文的重要途径和方法。

扫描仪是计算机的外部仪器设备,通过捕获图像并将其转换成计算机可以显示、编辑、存储和输出的数字化输入设备。可以对照片、文本页面、图样、美术图画、照相底片、电影软片进行扫描并输入计算机进行编辑。此外,纺织品、标牌面板、印制板样品等三维对象都可作为扫描对象,扫描仪可以对其进行提取和将原始的线条、图形、文字、照片、平面实物转换成可以编辑并加入到文件中的数字文件。扫描仪是最常用的数字多媒体办公硬件之一。

课堂讲解

任务背景:上一章学习了数字媒体的基本定义和分类,在本章中将学习图文的采集和应用,本课讲解图文的收集方法——扫描仪的应用。扫描仪已经十分常见,它作为计算机的输入设备,为数字媒体的创作带来了很大的帮助和便利。

任务目标:了解扫描仪的工作原理和使用技巧。

任务分析:扫描仪作为计算机输入设备在数字媒体创作中非常重要,认识扫描仪的原理和技巧,有助于我们更好地使用扫描仪,让它为我们的工作服务。

3.1 扫描仪的原理和分类

1. 扫描仪的工作原理

扫描仪属于计算机辅助设备中的输入设备。它与计算机、计算机软件、输出设备(打印机、绘图机)等组成计算机处理系统。

作为最常用的办公设备之一,扫描仪的用途和实际意义是:可在文档中组织图片,也可将印刷好的文本扫描输入到文字处理软件中,免去重新打字的麻烦;可将印制板、面板标牌样品(该板既无磁盘文件,又无电影软片)扫描录入到计算机中,对该板进行布线图的设计和复制,解决了抄板问题,提高抄板效率;可实现印制板草图的自动录入、编辑,实现汉字面板和复杂图标的自动录入;为多媒体产品收集并添加图像;在文献中集成视觉信息使其更有效地交换和通信。

扫描仪是一种图像信号输入设备。它对原稿进行光学扫描,然后将光学图像传送到光电转换器中变为模拟电信号,又将模拟电信号变换成为数字电信号,最后通过计算机接口送至计算机中保存。常用的平面扫描仪如图 3-1 所示。

2. 扫描仪的分类

根据原理和构造不同,扫描仪主要有滚筒式扫描仪、平面扫描仪。

滚筒式扫描仪被认为是最高级的扫描设备,可以产生无与伦比的效果和色调,但价格十分昂贵。滚筒式扫描仪一般使用光电倍增管 PMT(Photo Multiplier Tube),因此它的密度范围较大,而且能够分辨出图像更细微的层次变化,如图 3-2 所示。

图　3-1

图　3-2

平面扫描仪是最常见的一种扫描仪,与滚筒式扫描仪不同的是它使用光耦合器件(Charged-Coupled Device,CCD)将虚拟图形转换为数字信号,故其扫描的密度范围较小,一般为 A4—A3 大小。平面扫描仪的 CCD(光耦合器件)是一长条状有感光元器件,在扫描过程中将图像反射过来的光波转化为数字信号,平面扫描仪使用的 CCD 大都是具有日光灯线性陈列的彩色图像感光器。

根据工作方式和材料的不同还有其他类型的扫描仪,如笔式扫描仪,可以脱离计算机直接扫描进存储设备中,如图 3-3 所示。

使用接触式传感器件(Contact Image Sensor,CIS)的扫描仪不需要光学成像系统,具有结构简单、成本低廉、轻巧实用的特点,如图 3-4 所示。

胶片扫描仪,主要用来扫描幻灯片、摄影负片、CT 片及专业胶片,具有精度高、层次感强、附带的软件较专业等特点,如图 3-5 所示。

图　3-3

数字多媒体技术基础

图 3-4   图 3 5

3.2 扫描仪的使用

在上一节,学习了不同类型扫描仪的工作原理和使用方法,而在日常生活中应用最多的是屏幕扫描仪。在本节中,我们通过学习屏幕扫描仪的使用技巧来学习扫描仪采集图像和文本的方法。

在扫描图片的时候扫描仪是教师获取教案图像的重要设备。一般情况下,人们总把获得高质量图像的希望寄托在拥有一台较高档次的扫描仪身上。那么,拥有较高档次扫描仪就一定能获得高质量的数字图像吗? 不是的,它还需要合适的软件去支持。不过现今绝大多数的影像处理软件还停留在辨识 24 位色彩数的阶段,只有 Adobe 公司的 Photoshop 才能辨识 48 位色彩数。如果用 48 位色彩深度的扫描仪扫描图片,一般的影像软件仍然会把图像转成 24 位色彩数来显示。下面以 Photoshop CS4 为例,演示它的操作方法。

步骤 1　在 Photoshop 里设置导入属性

连接好扫描仪与计算机后,打开电源。启动 Photoshop 软件,选择"文件"→"导入"→"HP Scanjet 4070 TWAIN"选项,即选择扫描仪设备,如图 3-6 所示。

步骤 2　设置扫描尺寸

此时在预览框中能看到扫描的图片,在软件中用鼠标拉动虚线框选定需要的范围,操作完成后,单击"接受"按钮,如图 3-7 所示。

然后会弹出文件处理过程的扫描窗口,稍微等待即可在 Photoshop 中看到扫描完成的图像,如图 3-8 所示。

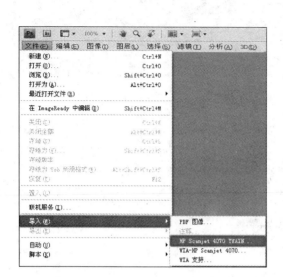

图 3-6   图 3-7

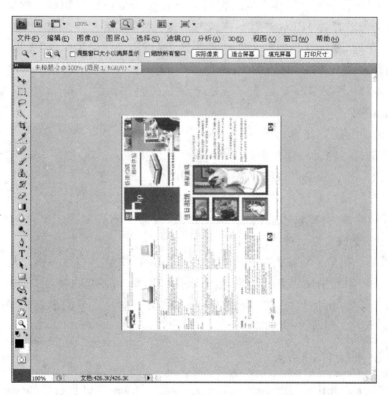

图 3-8

    图片扫描完成后,就可以保存图像了。选择"文件"→"存储为"选项,在弹出的"存储为"对话框中,设置保存的文件名和图片格式,图片格式有 BMP、JPEG、TIF 等,如图 3-9 所示。

数字多媒体技术基础

图 3-9

Photoshop 还具备将已经保存的图像转换成其他图像格式的功能。例如,可以把一个 BMP 格式的文件转存为 JPEG 或其他格式的图像文件,包括 PDF 格式。

在保存图像时,要选择相应的文件格式类型。TIFF 文件采用的是"无损伤"压缩技术,也就是说,当打开一个 TIFF 格式的文件,所看到的图像是和原始图像一样的。JPEG 是一种"有损耗"的格式,当以 JPEG 格式存储时,会丢失一些图像的细节。应该根据扫描图像的目的来选择文件类型。

在使用过程中,还应注意如下一些小技巧。

(1) 如果是打印输出一幅快照尺寸的(4in×6in 或 5in×7in)照片,采用 300dpi 的扫描分辨率已经足够了,它几乎可以得到需要的一切图像细节信息。

(2) 如果是扫描一幅图片,然后通过 E-mail 发给网络上的朋友欣赏,那在扫描时可以设分辨率为 72dpi 或 100dpi。这样做有两个目的,一是节省存储图像文件的空间;二是节省在互联网上传输该文件所耗费的时间。

(3) 如果是在扫描一幅很大的照片(如 8in×10in),或是想扫描一幅小尺寸的,然后将其扩大,那么要使用扫描仪所支持的最高分辨率。例如,如果要扫描一幅 4in×6in 大小的照片,然后以 8in×10in 的尺寸来打印输出,应该采用扫描仪支持的最高分辨率,才能保证在扩大图像时不丢失细节。

3.3 文字识别软件简介

光学字符识别(Optical Character Recognition,OCR)软件也是扫描的一种方式。它的工作原理是,通过扫描仪或数码相机等光学输入设备获取纸张上的文字图片信息,利用各种模式识别算法分析文字形态特征,判断出文字的标准编码,并按通用格式存储在文本文件中,由此可以看出,OCR 实际上是让计算机"认"字,实现文字自动输入。它是一种快捷、省力、高效的文字输入方法。现在我国已经有很多公司(如清华紫光、汉王、方正等)推出 OCR

软件,比较常用的有汉王 OCR、丹青中英日文 OCR、清华紫光文通 TH-OCR 和尚书 7 号 OCR 文字识别系统。

1. 汉王 OCR

汉王 OCR 是针对机关单位、企业及有文字录入需求的个人用户而推出的。在日常的工作中,它能快速地对书刊、报纸、公文、宣传页等印刷稿件中的内容进行录入。本产品集成了汉王科技顶尖的文字识别技术,对印刷文稿录入的识别率高达 99.5%,能够识别百余种印刷字体和各种中文、英文、繁体中文、表、图混排格式的文本。这样一来,就不用再手工输入大量的资料了,只要一经扫描,就像抓取英文文本的工具一样,让软件自动地转成 Word 文档,即将图片变成可编辑的文档格式。

2. 丹青中英日文 OCR

丹青中英日文 OCR 提供繁体中文、简体中文和日文三种操作界面;辨识后的文件可储存成各种常用文档格式再编辑;能快速重现各式原文件 ,还可以处理彩色、灰阶或黑白的文件影像。轻按一钮,即可自动分析、辨识、校对影像文件,图文分离,并转换成可编辑的文档。设定辨识字库可以不需要切换语言环境,即可辨识繁体中文、简体中文、纯英文及日文四种文件。它能够辨识多种印刷字体,如黑体、圆体、隶书等,并在辨识后还原成原稿的字体。丹青中英日文可辨识各种表格及影像,辨识结果依照原文件的图文版面格式呈现,方便校对、编辑,节省重新排版时间。利用内嵌的常用词库自动校对辨识出的文字,并标示出辨识时所碰到的疑问字。辨识后的结果可储存成不同的档案格式,如 TXT、RTF、DOC、XLS、SLK、CSV、HTML 等,方便做不同的应用与处理。

3. 清华紫光文通 TH-OCR

TH-OCR 代表北京清华紫光文通信息技术有限公司开发的 OCR 软件。在国家"863"计划支持下,持续了十多年的科研成果,从 1.0 版本开始已经升级到现在的 9.0 版本。独家真正实现了汉英混排同时识别,在国际上首次突破了 OCR 产品只能处理汉字或英文单一文字的局限性,新增了东方文字识别功能,对日文、韩文与英文混排文档的识别水平甚至超过日本和韩国对本国文字的识别水平,在国内、外产生了重大的影响,并连续 3 年被中国软件行业协会评为优秀软件产品,成为汉字输入技术的一座里程碑,成为国内 OCR 市场的先锋。

TH-OCR 的突出特点是,可进行汉英双语混排,识别率高,居世界领先水平;可以识别黑白、灰度、彩色图像,可以读取多种图像格式;首创对识别结果进行电子文档版面复原功能,所见即所得;首创日文、韩文、日英混排、韩英混排识别功能,识别率达 98% 以上。

4. 尚书 7 号 OCR 文字识别系统

本软件系统是应用 OCR 技术,为满足书籍、报纸杂志、报表、票据、公文档案等录入需求而设计的软件系统。目前,许多信息资料需要转化成电子文档以便于各种应用及管理,但因信息数字化处理的方式落后,不但费时费力,而且资金耗费巨大,造成了大量文档资料的积压,因此急需一种快速高效的软件系统来满足这种海量信息录入的需求。尚书 7 号系统正是适用于个人、小型图书馆、小型档案馆、小型企业进行大规模文档输入、图书翻印、大量资料电子化的软件系统。

上面的几大 OCR 软件,功能大同小异,在使用时可根据实际情况选择适合的软件。

课堂练习

> **任务背景**：在第 3 课的学习中，我们讲解了扫描的工作原理、使用方法和技巧，介绍了一些 OCR 软件的作用。
>
> **任务目标**：根据扫描仪的原理，使用扫描仪和 OCR 软件扫描和识别报纸的一部分。
>
> **任务要求**：仔细观察扫描仪的工作、属性运作步骤，以及运用 OCR 软件识别扫描出来的报纸，并能对识别出来的文件和图像等进行编辑。
>
> **任务提示**：注意扫描仪的工作细节和 OCR 软件的版本。

课后思考

(1) 根据课文学习掌握扫描仪的使用方法。

(2) 请尝试将喜欢的书页文章进行扫描并做成 TXT 文档。

第 4 课　数位板介绍及使用

　　数位板又名手写板、手绘板、绘画板等，是计算机输入设备的一种，由一块"绘图板"和一支"压感笔"组成。随着科学技术的发展，数位板日渐成为日常办公和数字绘画艺术工作者的创作工具。在使用数位板时，只需像平时用钢笔一样轻轻移动和点击笔尖，就可操作计算机；在图像创作方面，数位板更以其灵活自由、个性独特的姿态进入市场，深受数字绘画艺术工作者们的青睐。

课堂讲解

> **任务背景**：数位板在多媒体应用领域已越来越普及，无论是计算机绘画还是数字多媒体办公，它都为我们带来了极大的便利。
>
> **任务目标**：了解数位板的工作原理和使用技巧。
>
> **任务分析**：数位板作为计算机输入设备在数字媒体创作中非常重要，认识数位板的原理和使用技巧，有助于更好地运用它。

4.1　数位板在工作中的应用

1. 数位板的应用和分类

　　目前市场上的数位板应用，以设计、绘画、作图类居多，漫画和书籍杂志中常见的绘画和插图就是通过数位板一笔一画创作出来的。数位板的这项绘画功能，是键盘和鼠标无法比拟的。它的人性化设计以及轻松自如的操作方式，是获得广大设计人员以及数字绘画艺术工作者肯定的主要原因。其产品如图 4-1 所示。

　　数位板的出现为数字媒体艺术的创作提供了极大的便利，同时也为传统动画的制作带来了极大便利，以往制作传统动画要经过绘制、扫描等繁杂过程，而现今全部过程均可在计算机上完成。

图　4-1

　　数位板通常由两部分组成,一部分是与计算机相连的"绘图区";另一部分是在绘图区上写字或绘画用的"笔"。数位板通过连接线与计算机相连,如图 4-2 所示,在使用数位板前,一般需要安装数位板附赠的驱动软件。用户打开绘图软件,选择相应的笔刷即可绘画。

　　数位板分为电阻式和感应式两种,电阻式的数位板必须充分接触才能写出字,这在某种程度上限制了数位笔代替鼠标的功能;目前市场上的大部分数位板都是感应式数位板,感应式数位板又分"有压感"和"无压感"两种,其中有压感的数位板能感应笔画的粗细、着色的浓淡,例如在

图　4-2

Photoshop 或 Painter 中画图时的笔触效果如图 4-3 所示。

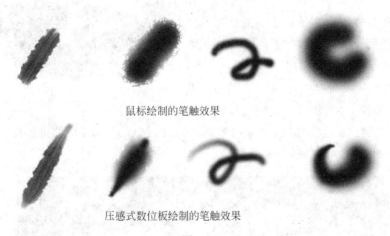

鼠标绘制的笔触效果

压感式数位板绘制的笔触效果

图　4-3

2. 常用数位板品牌介绍

　　如今数位板已经大量运用在商业动漫画的制作中,甚至连《变形金刚》和《星球大战前传》等大片的部分镜头,以及恢弘壮大的场面和令人叹为观止的电影特技,都由数位板精雕细琢而成。可以说,数位板的出现让绘画工作者们的成果迅速与计算机相结合,大大缩短了动画、特效电影、广告等产业的制作周期。数位板的这些成功案例,使它在市场中的应用迅

数字多媒体技术基础

速普及。当今中国市场上主要有如下一些数位板品牌。

（1）和冠数位板

和冠是一家全球顶尖的用户界面产品生产商，除日本总公司外，和冠在美国、德国与中国设有分公司，并在欧美及亚太地区都设有公司或办事机构。其产品不仅在 CAD 设计、CG 等领域占据着支配地位，更已成为业界最高技术与最新潮流的引领者，和冠数位板如图 4-4 所示。

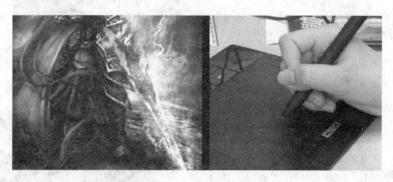

图　4-4

（2）汉王创艺大师系列

汉王数位板应用汉王自主研发的"无线无源"和"微压精密传感"等专利技术。创艺大师的 1024 级压感、5080dpi 的分辨率、200 点/s 的读取速度均为业界极高值，绘画手感细腻流畅，可真正与使用者融为一体。它能支持各类软件，如 Photoshop、Painter、Flash、Maya 等，不仅能模拟真实笔绘，还能完成真实绘画所不能达到的效果，让灵感随手而至。汉王数位板如图 4-5 所示。

图　4-5

（3）友基数位板

友基科技是一家拥有国际先进水平的专业数字化技术产品企业，友基数位板核心技术采用电磁压感原理，其压感笔采用有源无线技术，压感性能达到了 1024 级的世界高标准，可以真实地实现笔画的粗细、浓度变化，如图 4-6 所示。

图　4-6

（4）文明唐朝电脑笔

文明唐朝电脑笔内置世界顶尖技术和美术数位板、无源无线技术，以及超微型电磁感应功能系统等优势使它具有多种用途：艺术工作者能够用它做专业绘画工作，老师用它进行电子教学，商务人士用它开展会议、远程商谈、原迹签字等，如图 4-7 所示。

图　4-7

4.2　数位板绘图实例——萤火虫之光

本节中，将用数位板在 Photoshop 软件里绘制一个卡通动漫——萤火虫，来体验数位板给我们带来的创作乐趣。在体验之前，需要将数位板连接到计算机上，并安装驱动软件，这样数位板的笔就可以像鼠标一样灵活自如地运用了。安装驱动软件以后，可以通过手感的力量来控制笔尖的压感，以达到笔画的粗细和轻重效果。

步骤 1　在 Photoshop 里粗略绘制线稿

启动 Photoshop 软件，选择"文件"→"新建文件"选项，设置宽度为 660 像素，高度为 1000 像素，背景内容为透明，单击"好"按钮，如图 4-8 所示。

按 D 键，将填充色转换为黑白色，按 Ctrl＋Delete 组合键，填充背景为白色。选择工具栏上的画笔工具，用数位板在文档中绘制线稿，如图 4-9 所示。

图　4-8

图　4-9

步骤 2　将线稿细化

展开画笔工具选项，选择画笔工具，在此选择 3 号笔刷，如图 4-10 所示。

在数位板上轻轻涂抹修改，仔细修改角色的轮廓线，以线条流畅为最终标准。线稿完成后的效果如图 4-11 所示。

数字多媒体技术基础

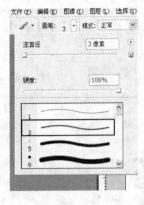

图 4-10   图 4-11

步骤3   为角色上色

线稿细化后,按 Ctrl+J 组合键,复制一个新的线稿图层。在工具栏上选择油漆桶工具（如图 4-12 所示），或者直接用笔刷工具为角色平涂色块，为衣着和皮肤上色。

用油漆桶工具填色时要求线条必须是封闭的，所以要确定角色的各个色块周围的线条是否闭合。如果没有闭合，则需要用画笔在该图层上继续填满。填色后效果如图 4-13 所示。

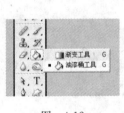

图 4-12   图 4-13

步骤4   用笔刷工具细化色彩

在图层浮动窗口上，单击"新建图层"按钮，新建一个图层。选择画笔工具"100 号粗边圆形钢笔"（如图 4-14 所示），用数位板的压感笔继续进行涂画，使角色的色彩层次丰富饱满。

细化后的色彩有了更多的变化，角色看起来更加有立体感，如图 4-15 所示。

图 4-14   图 4-15

步骤5　填充背景，完善画面

在"图层"面板上新建一个图层，将该图层拖曳至最下层，填充一个灰绿至灰黄的渐变色作为背景色。然后继续用压感笔完善颜色和轮廓线条，一层层涂抹，直到颜色比较柔和，线条更加顺畅，如图 4-16 所示。

用数位板在图像上反复修改，可以配合工具栏上的橡皮擦工具和加深或者减淡工具，对角色进行修改。调整色彩饱和度和色相，按 Ctrl+U 组合键来调整。直到画面比较干净，看起来舒服为止，最终效果如图 4-17 所示。

图　4-16

图　4-17

课堂练习

任务背景： 数位板正在广泛地应用于数字媒体的创作中，它给计算机工作者的使用带来了极大的便利，数位板的款式和品牌多样，为用户提供了多样选择。

任务目标： 尝试使用数位板完成一幅绘画的创作。

任务要求： 用数位板在 Photoshop 中画一张简单的漫画。

任务提示： 注意数位板的压感和范围，熟悉和体验它的各种性能。

课后思考

（1）请列举几款数位板，并分析它们的优缺点。

（2）数位板主要由哪些性能来决定用户使用的满意度？

第5课　打印机的原理与使用

打印机是计算机系统重要的文字和图形输出设备，使用打印机可以将需要的文字或图形从计算机中输出，显示在各种纸张等传统媒介上。相对电子计算机的历史（1946 年），印刷技术和打印机的历史要悠久得多。据有关资料介绍，世界上第一台真正意义上的带活动机械的打印机是 John Gutenberg 在 1463 年首先发明的，他用这台打印机打印了第一本《圣经》。

至今 500 多年过去了，打印机技术已经日新月异，它在现代化办公系统中所扮演的角色

数字多媒体技术基础

举足轻重。

任务背景：打印机是办公常用的数字媒体硬件之一，它普遍落户于千家万户和办公室中，了解它的工作原理和使用方法，有助于我们更好地使用它。

任务目标：了解打印机的原理，正确地使用打印机。

任务分析：打印机作为计算机的重要输出设备，可以给我们的办公带来极大便利，也给数字媒体创作带来巨大帮助。

5.1 打印机的功能及原理

打印机作为计算机的重要输出设备，在日常的学习工作中，为我们提供了巨大的便利，了解它的功能和工作原理，能更好地使用和维护打印机。

不同类型的打印机不仅物理结构、应用领域不相同，而且打印原理也有本质的区别，至于打印技术，其区别就更大。本章中着重介绍喷墨式打印机。

喷墨式打印机是当今应用最广泛的打印机之一，目前一般企、事业单位都拥有这样的打印机，如图5-1所示。

喷墨式打印机是在针式打印机之后发展起来的，采用非打击的工作方式。喷墨式打印机的基本原理是带电的喷墨雾点经过电极偏转后，直接在纸上形成所需字形。其优点是组成字符和图像的印点比针式点阵打印机小得多，因而字符点的分辨率高，印字质量高且清晰。可灵活方便地改变字符尺寸和字体。印刷采用普通纸，还可利用这种打字机直接在某些产品上印字。字符和图形形成过程中无机械磨损，印字能耗小。打印速度可达500字符/s。

喷墨式打印机比较突出的优点有体积小，操作简单方便，打印噪声低，使用专用纸张时可以打出和照片相媲美的图片等。经过若干年的磨炼，喷墨式打印机的技术已经取得了长足的发展。目前较出色的喷墨打印机有如爱普生R230。此款打印机性价比较高，家用或企业用均可，也能满足专业的高精度照片纸打印效果，还能输出印制光盘，作为个人工作室的配置也是不错的选择，如图5-2所示。

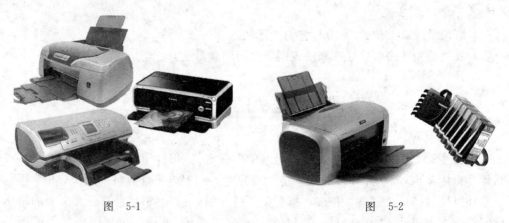

图 5-1   图 5-2

此外，还有其他打印机类型，它们应用在不同的领域。在使用中应根据具体的工作需要而购买不同类型的打印机。

打印机厂家除了采用新技术,提高产品质量,完善产品功能外,还有一个重要动向就是不断推出各类打印软件,使用户得到了比打印机"裸机"更为方便的使用环境。这些应用软件使用不同的软件平台,如 DOS、Windows、UNIX、Novell Netware、X Windows 等,极大丰富了打印机的自身功能。

5.2　打印机的使用

对于非大型打印机来说,不管是喷墨式打印机、激光打印机还是针式打印机,在使用上基本大同小异,但每种打印机根据工作原理不同又都有各自的特点,各自的使用范围。因此,在工作或生活当中要根据不同的情况正确地使用打印机,否则易造成该设备的损坏。

1. 打印机的安装

要使用打印机,首先必须安装打印机。打印机的安装包括硬件的连接及驱动程序的安装,只有正确地连接硬件并安装了相应的打印机驱动程序之后,打印机才能正常工作。

（1）打印机硬件的安装。打印机硬件连接的方法是：首先连接打印机的数据线到计算机,即将打印机常见的 USB、LPT 或 COM 端口插入到计算机机箱后面相应的插口中（现在大部分打印机都为 USB 接口）。然后连接电源线,将电源线的 D 型头插入打印机的电源插口中,另一端插入电源插座插口。打印机的 USB 接口如图 5-3 所示。

图　5-3

（2）打印机软件的安装。通常情况下,连接好打印机后,打开打印机电源开关并启动计算机,操作系统会自动检测到新硬件,然后打开一个安装向导对话框,用户根据其中的提示便可进行驱动程序的安装。如果此时没有安装驱动程序,以后也可手动启动该向导。操作步骤如下。

步骤 1　打开控制面板

如果驱动程序安装盘是以可执行文件方式提供,则最简单,直接运行 setup.exe 就可以按照其安装向导提示一步一步完成。

如果只提供了驱动程序文件,则安装相对麻烦。这里以 Windows XP 系统为例进行介绍。首先打开"控制面板",双击面板中的"打印机和传真"图标,如图 5-4 所示。

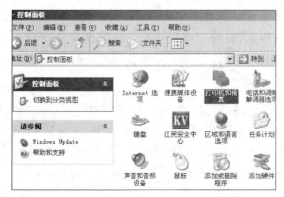

图　5-4

数字多媒体技术基础

步骤 2　添加打印机向导

在弹出的窗口中将会显示所有已经安装好了的打印机,如图 5-5 所示。

图　5-5

安装新打印机时,可直接单击左边的"添加打印机",弹出"添加打印机向导"对话框,如图 5-6 所示。

单击"下一步"按钮,出现如下窗口询问是安装本地打印机还是网络打印机,默认是安装本地打印机。在此,选中"连接到这台计算机的本地打印机"单选按钮,如图 5-7 所示。

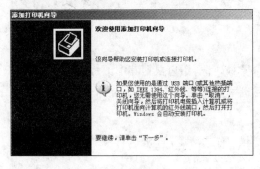

图　5-6

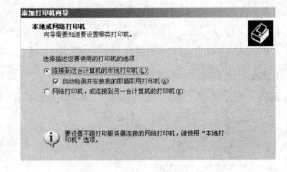

图　5-7

步骤 3　添加本地打印机

如果安装本地打印机则直接单击"下一步"按钮,系统将自动检测打印机类型。如果系统里有该打印机的驱动程序,系统将自动安装;如果没有自动安装将会报错。单击"下一步"按钮出现如图 5-8 所示对话框,这里一般应使用默认值,然后单击"下一步"按钮。

步骤 4　安装打印机软件

在弹出的询问打印机类型的窗口中,要先找到对应厂家和型号(如图 5-9 所示),直接选择然后单击"下一步"按钮;如果没有则需要提供驱动程序位置,单击从磁盘安装按钮,然后在弹出的对话框中选择需要的驱动程序所在位置,如软驱、光盘等,找到正确位置后单击"打开"按钮(如果提供位置不正确,单击打开后将没有响应,暗示需要重新选择),系统将开始安装。

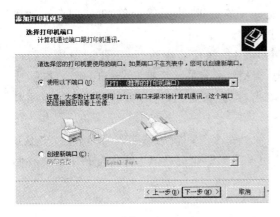 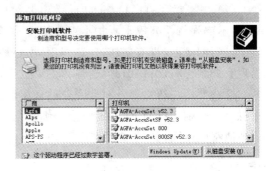

图 5-8   图 5-9

　　安装中系统提示需要给正在安装的打印机起个名字,并询问是否做为默认打印机(即执行"打印"命令后,进行响应的那一台),如图 5-10 所示。

　　选择后,单击"下一步"按钮。出现如图 5-11 所示窗口,询问是否打印测试页,一般新装的打印机都要测试,选择后单击"下一步"按钮,最后单击"确定"按钮,完成整个安装过程。

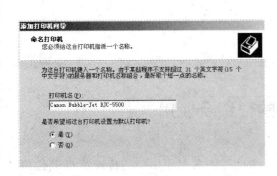 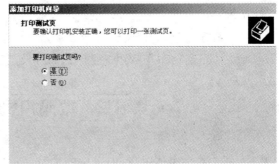

图 5-10   图 5-11

2. 打印机使用注意事项

　　打印机已经普及到各种各样的办公环境中,其使用方法非常简单。但是很多用户在使用过程中,不熟悉打印机的正确使用方法,不会正确维护打印机而造成打印机打印不正常或导致打印机的使用寿命受损。根据各种打印机的官方说明书,在使用过程中,应注意如下操作事项。

　　(1) 打印机的驱动程序要正确安装和使用,这一点很重要。

　　(2) 不要带电插拔计算机与打印机连接端口上的电缆,也不要带电移动放置计算机或打印机的桌子或设备,否则最易造成计算机和打印机端口造成电路的损坏。

　　(3) 喷墨式打印机不使用时,拔掉电源线插头比关闭打印机控制面板上的开关更安全。

　　(4) 喷墨和针式打印机不管是带电正常工作,或带电暂停,甚至不工作时,都不要用手强行移动打印头,否则,易损坏打印头相应电路。

　　(5) 不要随意为喷墨式打印机添加墨水。

（6）打印机正常工作时，应尽量多使用控制键完成进纸、出纸等任务，少使用卷轴旋钮进、出纸，否则，可能损坏走纸电机和电机驱动电路。

（7）更换喷墨打印机墨盒时，一定要按照说明书的操作步骤进行，不要试图移动打印头，更不要强行拉开墨水盒护夹更换墨盒，否则，会损坏打印机；更换激光打印机墨盒时，应将用过的旧硒鼓（没有划伤过，还能用）小心地取出，保存在避光的盒内，一旦更换的新硒鼓出现意外划伤时，可用旧硒鼓代换，效果也不错。

这些使用技巧主要针对非专业的家用机型，而且每个打印机的功能和品牌不同，使用方法也有些区别，希望在使用的时候仔细阅读《使用说明》，专业机型因为操作复杂更需要我们详细地阅读使用说明书去掌握它的使用方法。

课堂练习

任务背景：通过第5课的学习，我们对打印机的工作原理和使用技巧有了掌握，了解了各种不同打印机的特点和使用方法。

任务目标：了解打印机的工作原理和工作过程以及如何维护打印机。

任务要求：尝试给打印机换墨盒，调查市场上的打印机的新功能。

任务提示：换墨盒是使用打印机必须会的，了解新产品会让我们及时应用新的技术。

课后思考

（1）打印与复印有什么异同？

（2）了解当前市场常用的打印机品牌及其价格。

第6课 数码相机的介绍及使用

在图文数字媒体中，我们看见的大量高清图片，已经不再利用以前的传统相机进行拍摄，而更多是利用数码相机来获取。数码相机作为一种利用电子传感器把光学影像转换成电子数据的照相机为数字艺术家带来了巨大便利。随着数码相机质量的提升和价格的下降，它已经成为广大用户及专业摄影艺术家不可或缺的设备。

课堂讲解

任务背景：伴随着数码相机的普及，拍张照片似乎是很简单的事，但是你真正了解数码相机吗？是否真的掌握了摄影技术呢？

任务目标：了解数码相机的工作原理，学习数码相机的拍摄技巧，拍摄图像素材。

任务分析：通过对数码相机的基本知识和拍摄技巧的学习，为我们后面的学习打好基础。

6.1 了解数码相机

数码相机最早出现在美国，最初美国曾利用它通过卫星向地面传送照片，随着科技的发展，数码图像技术发展得很快，主要归功于"冷战"期间的科技竞争。而这些技术也主要应用于军事领域,大多数的间谍卫星都使用数码图像科技,如图 6-1 所示。

　　在"冷战"结束之后,军用科技很快地转变为了市场科技。1995 年,以生产传统相机和拥有强大胶片生产能力的柯达(Kodak)公司向市场发布了其研制成熟的民用消费型数码相机 DC40。这被很多人视为数码相机市场成形的开端。在这之后,数码相机 CCD 的像素不断增加,功能不断翻新,拍摄的图像效果也越来越接近传统相机,其应用领域也逐渐大众化。图 6-2 所示为旅游风景数码摄影作品。

图　6-1

图　6-2

　　数码相机是一种利用电子传感器把光学影像转换成电子数据的照相机。它是集光学、机械、电子于一体的科技产品。它集成了影像信息的转换、存储和传输等部件,具有数字化存取模式,与计算机交互处理和实时拍摄等特点。与普通照相机在胶卷上靠溴化银的化学变化来记录图像的原理不同,数字相机的传感器是一种光感应式的电荷耦合器件(CCD)或互补金属氧化物半导体(CMOS)。在图像传输到计算机以前,通常会先储存在数码存储设备中。

　　根据数码相机最常用的用途可以将其简单分为单反数码相机、卡片数码相机、长焦数码相机。

　　(1) 单反数码相机。单反数码相机,是指单镜头反光数码相机。即 Digital(数码)、Single(单独)、Lens(镜头)、Reflex(反光)的英文缩写(DSLR)。市场中的代表机型常见的有尼康、佳能、宾得、富士等。尼康相机如图 6-3 所示。

　　单反数码相机的特点是可以更换不同规格的镜头,比较适合专业人士使用。另外,现在的单反数码相机都定位于数码中的高端产品,因此在数码相机摄影质量的感光元件(CCD/CMOS)的面积方面,单反数码相机远远大于普通数码相机,这使得单反数码相机的每个像素点的感光面积也远远大于普通数

图　6-3

码相机,因此每个像素点也就能表现出更加细致的亮点和色彩范围,使单反数码相机的摄影质量明显高于普通数码相机。

　　(2) 卡片数码相机。卡片数码相机在业界并没有明确的概念,小巧的外形,相对较轻的机身以及超薄时尚的设计是衡量此类数码相机的主要标准。其中索尼 T 系列、奥林巴斯 AZ1 和卡西欧 Z 系列等都应该属于这类相机,如图 6-4 所示。

数字多媒体技术基础

卡片数码相机的特点是时尚的外观、大屏幕液晶屏、小巧纤薄的机身、操作便捷、便于携带,但手动功能相对薄弱,超大的液晶显示屏耗电量较大,镜头性能较差,一般适合家庭等非专业人士使用。

（3）长焦数码相机。长焦数码相机指的是具有较大光学变焦倍数的机型。光学变焦倍数越大,能拍摄的景物就越远,代表机型:美能达 Z 系列、松下 FX 系列、富士 S 系列、柯达 DX 系列等。镜头越长的数码相机,其内部的镜片和感光器移动空间更大,所以变焦倍数也更大。长焦数码相机的特点是可以拍摄较远距离的景物,适合拍摄浅景深的效果。松下的一款长焦数码相机如图 6-5 所示。

图 6-4

图 6-5

6.2 如何使用数码相机拍摄好照片

对于刚刚接触数码相机或者刚买相机的新手来说,花些时间学习摄影知识和拍摄技巧非常有必要,而且并不是有个好的相机就能成为一位摄影师。

1. 说明书是最好的启蒙老师

用户买了相机之后,应首先阅读使用说明书,了解相机的基本功能和使用过程。数码相机和手机等其他消费类电子产品不一样,它并非完全意义上的电子产品,其中还涉及很多光学知识,如快门、光圈等。数码相机的说明书,不但逐一介绍每项功能以及它的使用环境,还会通过图文并茂的方式,介绍不同模式下,如何操控相机。摄影是一件循序渐进的事情,驾驭相机绝非想象得那么简单,要想实现"所见为所拍"的效果,需要很长一段时间。

2. 按快门前要三思

在每次拍摄前,先明确目标,你的摄影目标是什么? 你究竟想拍什么样的照片? 是人像,还是风景或生态? 在你自己心目中好照片与坏照片的区别又是什么呢? 摄影是一门严谨的艺术,只要拍摄条件允许,在每一次按动快门之前,多些思考,想想拍摄对象的最突出的特点是什么,如何去表现它,慢慢地摄影水平进步了,自然会得到希望的图像和效果,如图 6-6 所示。

3. 不依赖自动模式

相机的功能越来越人性化,很多使用者在购买之前,考虑的就是功能越多越好,这是个误区,

图 6-6

如果真想摄取需要的图片,自动模式是不错的选择,但是手动模式也是我们应该掌握的,它可以让你有独立自主的创作感,并拍摄出自动模式难以比拟的好图。

掌握手动功能拍摄技巧前,需要了解光圈和快门的关系,合理使用光圈和快门可以达到正确表现对象状态的目的。你可能尝试过使用手动模式,可是拍摄出来的效果非常令人失望,不是画面模糊,就是曝光失准,最后只能用自动挡。其实一旦到了复杂的环境,例如逆光,或者是夜景,自动模式就不灵了。这时候才是手动模式大显身手的机会,例如像"光圈优先"、"快门优先"模式并不复杂,稍微花些时间就可以掌握。

除此之外,好好熟悉相机的情景模式,包括最近特别流行的"面部识别"功能等,对于拍摄水平的提高,有很直接的帮助。

4. 慎用闪光灯

在自动模式下,闪光灯会自动打开,这也是不建议使用自动模式的原因之一。消费级数码相机,由于受到机身和成本的限制,闪光灯的输出功率和辐射范围有限,控制难度很大。在夜晚拍摄人物题材的作品时,控制不好,人物面部就会曝光过度,背景一片漆黑。如果拍摄人物特写镜头的话,一旦出现曝光过度,人物面部变形会很严重,闪光灯如图6-7所示。

图　6-7

假若不打开闪光灯,夜景怎么拍呢? 如果单纯地拍摄风景,可以关闭闪光灯,使用三脚架或者临时辅助物,保持相机的稳定,使用慢快门,配合小光圈进行拍摄。否则,则可使用较长的快门时间,以闪光灯照亮主体,然后配合慢快门保证背景也能够表现出来,很多相机内置的人像夜景情景模式,就是这个原理。

5. 慎用中心构图

新用户拍照片的时候,往往会想当然地将拍摄对象置于画面的中心位置,即中心构图。乍一看来,将拍摄主体放在照片的中央,理所当然会起到突出的作用。可是如果把一整组照片放在一起,采用的都是相同的中心构图,看完之后就会发现,缺乏变化的构图让照片乏然无味,而且忽略了周围的环境。

相片的构图,最简单也是最基本的,就是"黄金分割法则"。它是把画面分割成九等份,形似"井"字,四条线的四个交叉点,就是拍摄主体最佳的摆放位置。尤其拍摄人像时,相比中心构图,更符合人的视觉效果,能够自然而然地突出画面主体,如图6-8所示。

6. 后期

对于入门摄影爱好者来说,在拍摄照片的时候,总想着后期去二次构图,或者调整亮度,这未尝不可,但是作为摄影艺术,这是致命的。摄影是艺术,虽然适当的后期制作的确能够起到画龙点睛的作用,但这句话并不适合入门爱好者,过于依赖后期制作,会使前期拍摄变得随意,摄影技术既不能得到提升,摄影者也会感觉累,因为不仅要在众多照片中进行挑选,而且使后期制作极其浪费时间。摄影作品如图6-9所示。

除了以上常用的方法和技巧,还有很多在实际拍摄中遇到的问题,要具体情况具体分析,在今后的拍摄过程中稍加注意,灵活运用现有条件,手中的作品一定会越来越精彩。

图 6-8　　　　　　　　　　　　　　图 6-9

课堂练习

> **任务背景**：在本课中，我们学习了数码相机的工作原理和使用与拍摄技巧，其实还有很多技巧，需要在实践中去体会，所以一定要多拍，多去发现。
>
> **任务目标**：使用数码相机拍摄一组有主题的摄影作品。
>
> **任务要求**：使用数码相机在校园中拍摄 10 张你认为最能体现校园美的照片。
>
> **任务提示**：注意拍摄的技巧和相机的正确使用方法。

课后思考

（1）不同的镜头适合拍摄什么样的照片？

（2）拍摄一组有主体的照片，将它们串起来组成一个有意思的故事。

第 7 课　如何编辑和处理数码照片

　　当"拍照"作为摄影艺术时，它是一项严谨的工艺过程，往往可将拍摄好的照片直接作为作品供人欣赏。实际上，更多时候人们是为了搜集素材或者为了记录生活而拍照。

　　拍照归来的时候，数码相机里存放了很多照片，但是真正达到理想效果的照片并不多。这时候就需要对照片进行修改和后期编辑，对构图或者色彩等不理想的图片进行校正和特效处理。

　　处理数码照片的软件非常多，目前市场上最常用的是 Adobe Photoshop 软件。

　　Adobe Photoshop 作为专业的图形图像处理软件，它的功能既能满足一般的家用需要，也能满足专业图像处理专家和设计人员等的需要。本课将以 Photoshop CS4 为例讲解数码照片的处理方法。

课堂讲解

> **任务背景**：我们学习了数码相机的基本知识和数码照片的知识，但是数码相机拍摄出来的照片不一定都会令人满意，那么本课将介绍如何编辑和处理用相机拍摄的照片。
>
> **任务目标**：通过 Photoshop 或者其他图像处理软件，可以对自己拍摄的照片进行后期处理并加以设计、排版等。
>
> **任务分析**：Photoshop 是一款功能非常强大的图像处理软件，掌握它可以为创作带来无限可能。

7.1　Photoshop 的图像处理

Photoshop 是一款功能强大的图像处理软件,它在数码照片处理方面的能力比其他软件处理的效果更好,但它不像专业的数码照片处理软件那样有许多可以套用的模板效果。在 Photoshop 中主要采用的图片处理方法如下。

1. 照片尺寸调整

一般用数码相机拍摄的相片多宽度为 1024 像素、高度为 768 像素,或者宽度为 1600 像素、高度为 1200 像素等规格,根据数码相机品牌和型号的不同,有的相片尺寸甚至可以达到宽度为 3040 像素、高度为 4048 像素,这样的照片需要占用巨大的存储空间,而且当上传到网络或者制作电子作品时,这样的作品肯定显得太大了。用 Photoshop 处理照片尺寸可以在保证原照片品质不变的情况下将它们按照一定的比例缩小。

步骤 1　启动软件,打开图像

启动 Photoshop,双击软件中央空白处,在弹出的"打开"窗口中,选择图像,单击"打开"按钮。

步骤 2　打开图像大小属性

选择"图像"→"图像大小"选项,然后在"图像大小"对话框的"像素大小"选项组中修改照片的尺寸。默认状态下照片尺寸的缩放都是按照"约束比例",如果没有选择该项,也可以在对话框中将该复选框选中,如图 7-1 所示。

步骤 3　修改图像像素

在"像素大小"选项组中显示出了当前照片的容量为 35.2MB,尺寸为宽度为 3040 像素、高度为 4048 像素,显然这样的照片用来制作电子作品不太合适,在此把照片的高度调节为 400 像素,高度按照约束比例自动缩小,同时像素大小中显示的图片容量也相应减小了,如图 7-2 所示。

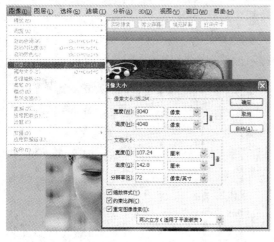
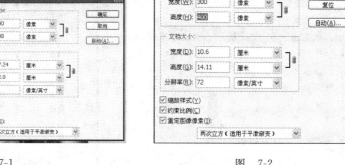

图　7-1　　　　　　　　　　　　　　　图　7-2

2. 自动调节

由于拍摄技术上的原因一般获得的照片或多或少都有色彩不足、光线暗淡、焦距曝光效果不好等缺点,所以在 Photoshop 中最好使用它的自动调节功能,简单地修改一下照片的效果。

数字多媒体技术基础

选择"图像"→"调整"选项（如图 7-3 所示），在展开的下拉列表中有"自动色调"、"自动对比度"、"自动颜色"等选项，可以用它们来做简单的色彩校正处理。

3. 手动修改

在"调整"功能下拉菜单中有许多针对色彩、饱和度、亮度等效果的专业选项，这些选项可以校正图像的颜色。手动修改中常用的修改工具有"色阶"和"曲线"，它们能从整体上处理照片颜色的明暗和对比度，而不会使照片失真。

步骤 1　打开色阶"属性"面板

选择"图像"→"调整"→"色阶"选项（如图 7-4 所示），打开"色阶"属性面板，如图 7-5 所示。

图　7-3

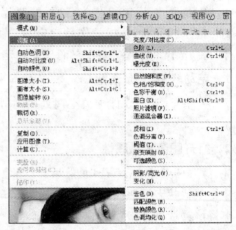

图　7-4

步骤 2　修改图像色阶

打开"色阶"属性面板后，在"色阶"对话框的通道中选择 RGB 模式，拖动"输入色阶"下方的控制点（如图 7-5 所示），可以调整图像整体的亮度和对比度。直到将图像的颜色调整到比较饱和为止。此处的"饱和"是指图像的颜色对比度。

步骤 3　修改图像曲线

选择"图像"→"调整"→"曲线"选项，打开"曲线"属性面板（如图 7-6 所示）。

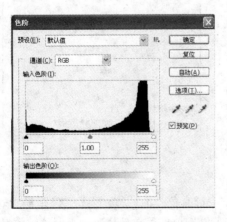

图　7-5

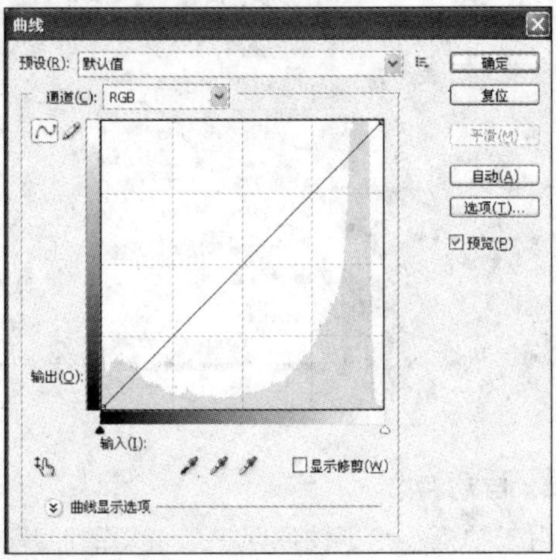

图　7-6

曲线和色阶一样,可以改变照片的光线效果。在曲线调整窗口中,当光标变为十字形时,向左上方移动则照片亮度增加,向右下方移动则照片的整体颜色变暗。它可以使图像的亮处更亮,暗处更暗。

步骤4　修改图像的色相与饱和度

色相与饱和度的调整主要是调节图像的色相偏差和颜色饱和度,如图7-7所示。

Photoshop CS4 新增加了“自然饱和度”功能。“自然饱和度”调整饱和度的作用是在颜色接近最大饱和度时最大限度地减少修剪。“自然饱和度”还可防止肤色过度饱和,如图7-8所示。

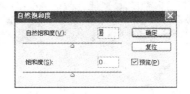

图　7-7　　　　　　　　　　　　　　图　7-8

Photoshop 还有其他图像调整功能,例如滤镜功能和混合效果等,可以根据实际需要而专门购买 Photoshop 软件教材进行学习。关于 Photoshop 简单的功能应用网上也有很多教程,此处不再赘述。

7.2　用 Photoshop 处理数码摄影作品——烂漫时光

通过前面的学习,我们对 Photoshop CS4 的图片处理功能有了大致的了解,现在将以一张婚纱摄影照为例,学习用 Photoshop 软件如何处理完成一张精彩的照片。

首先准备好拍摄的原图,如图7-9所示。

原图中逆向光线使人的五官基本看不清楚;整张图灰暗,缺少色彩倾向,没有亮点。现在我们开始对其进行调整。

步骤1　在 Photoshop 里打开图片

启动 Photoshop 软件,双击软件空白处,在弹出的“打开”窗口中,选择计算机中的素材图片双击将图片打开,如图7-10所示。

步骤2　创建曲线图层

一般外景拍摄的照片由于光线的不确定性,或者相机的成像以及曝光技术等原因,往往造成照片的颜色不真实,例如色彩灰暗、苍白等瑕疵。此时可用 Photoshop 软件进行后期处理。调整图像的曲线可快速使图像的亮度或对比度达到比较理想的效果。

图 7-9

图 7-10

单击图层窗口下方的"创建新的填充或调整图层"图标按钮,创建一个曲线调整层,作曲线调节,如图 7-11 所示。

再创建一个曲线调整层,调整它们的颜色值,如图 7-12 所示。

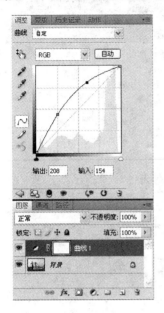

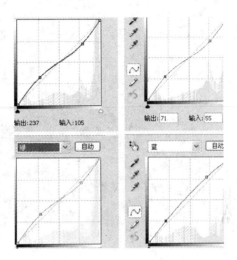

图　7-11　　　　　　　　　　　　　图　7-12

步骤 3　调整图像的饱和度

在新建的曲线调整层上,用黑色画笔工具小心绘制人形区域,不能越界,否则会影响画面的细节。双击该曲线层,可继续调整图像的亮度和对比度如图 7-13 所示。

图　7-13

数字多媒体技术基础

　　单击图层窗口下方的"创建新的填充或调整图层"图标按钮,添加自然饱和度调整层,对色彩进行调整,使其颜色更自然亮丽,如图 7-14 所示。

图　7-14

　　调整后的最终效果应该是颜色比较饱和,色彩比较明亮鲜艳,如图 7-15 所示。

图　7-15

应用 Photoshop 软件处理数码照片的方法还有很多,效果也是各有千秋,按照这种思路,可以调整出很多令人满意的图像效果。

课 堂 练 习

> **任务背景**:在本课中,学习了简单的数码照片处理方法,用婚纱照片的处理技巧学习了图像处理的完整过程,它为我们以后处理照片打下了基础。
>
> **任务目标**:处理一张自己拍摄的照片,应用软件的各种功能,处理出满意的照片。
>
> **任务要求**:要充分考虑取景、光线和焦距等因素,使照片效果达到预定要求。
>
> **任务提示**:充分运用 Photoshop 软件的色阶、亮度/对比度和滤镜等工具,使图像处理得富有创意。

课 后 思 考

(1)选择拍摄好的照片,用 Photoshop 软件进行后期处理。

(2)记住常用的图片格式,以及它们的应用方法。

第8课 网络相册空间

当人们拍摄了大量的数码照片,处理了很多漂亮的照片,就需要一个平台去展示作品,互联网是最方便快捷的传播方式,伴随着互联网的发展,以及网络相册的出现,为人们的作品提供了一个很好的展示平台。

课 堂 讲 解

> **任务背景**:你拍摄了很多好看的照片,很想与好友分享乐趣。
>
> **任务目标**:将拍摄的照片上传到网络空间与好友分享。
>
> **任务分析**:可尝试多个网络空间,选择一个喜欢的。一般要求网络空间大、速度快为好。

8.1 介绍免费相册

如果你有一台联网的家用计算机,那么此项工作的进展就比较顺利。很多在线的电子相册技术嵌套在免费相册空间中,为相册的使用者提供了巨大的帮助。它不仅可以上传照片,甚至可以自动生成绚丽的照片动画和图像切换效果。如 QQ 空间相册,它里面就有制作"动感相册"的在线电子相册软件,如图 8-1 所示。

现在网上有很多免费相册,以下收集整理的免费相册都是网络上常用的免费网络相册空间,它们大都比较稳定可靠,在这里推荐给大家。

1. Windows Live 相册

微软提供的不限空间的网络相册服务,每月限制上传 500 张照片,支持从客户端软件 Windows Live 照片库批量上传;支持 Windows Live Spaces 引用;Windows Live 相册支持外部链接图片。

数字多媒体技术基础

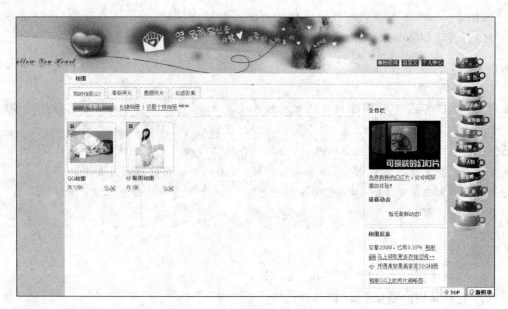

图　8-1

2. 好看簿相册

国内的一款不错的免费网络相册，完全支持外链，不限容量，可一次上传多张照片，上传速度也很好，提供个性二级域名。

3. 网易相册

网易提供的免费无限空间相册服务，只支持网易博客引用，不支持其他外链。

4. Picasa 网络相册

Google 提供的 1GB 免费相册空间，没有 Flickr 那样烦琐的要求，支持外链。

5. 新浪相册

新浪提供的免费无限空间相册服务，每月限制 100MB 上传流量，只支持新浪博客引用，不支持其他外链。

6. QQ 相册

腾讯 QQ 提供的 50MB 免费相册空间，不支持外链。

7. Yahoo 相册

Yahoo 的 Flickr 是著名的网络相册，提供不限容量的相册空间服务，免费用户每月只能上传 100MB，并且有 200 张照片显示限制，要求必须上传自己拍摄的照片，支持外链。

8.2　制作电子相册动感影集——美丽的校园

电子相册的完成主要以软件为主，电子相册制作软件分为在线网页软件、软件外挂制作。

在线网页软件是指在网站上通过上传图片制作的电子相册。如"魔力盒"电子相册制作，如图 8-2 所示。

软件外挂制作指的是大型图像处理软件外挂的电子相册软件。如 ACDSee 的电子相册制作和谷歌的 Picasa 也带有电子相册制作功能。

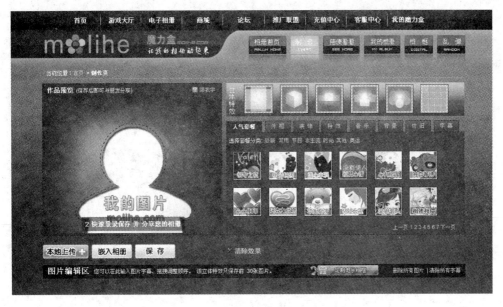

图 8-2

下面以 QQ 动感相册为例介绍网络电子相册的制作过程。

步骤 1 进入 QQ 相册界面

首先需要注册一个 QQ，然后开通 QQ 空间。进入 QQ 相册的"动感影集"界面，然后就可以制作相册了。单击"制作动感影集"按钮，即可进入制作动感相册的网站，如图 8-3 所示。

图 8-3

数字多媒体技术基础

步骤 2　添加照片

打开页面后，单击"添加照片"按钮添加照片。它要求必须是 QQ 空间相册里的照片，选择照片，如图 8-4 所示。

图　8-4

步骤 3　添加特效

选择好照片后，需要选择照片的边框和效果。QQ 动感相册提供了很多特效，如图 8-5 所示。

步骤 4　添加音乐

电子相册支持背景音乐，并支持网络音乐，可以通过引用外部的网络地址连接，如图 8-6 所示。

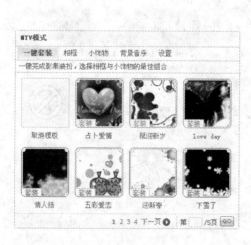

图　8-5

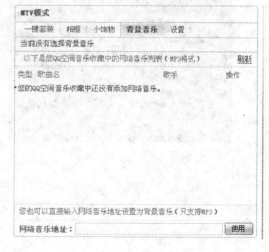

图　8-6

步骤 5 设置转场效果

背景音乐设置完成后,要设置图片的过渡效果和播放效果,如图 8-7 所示。

图 8-7

要设置照片的过渡效果,可以直接在照片下方单击"过渡效果"按钮,软件提供很多过渡方法,如图 8-8 所示。

在播放设置中,可以设置每张照片的停留时间和文字效果,如图 8-9 所示。

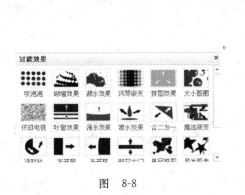

图 8-8

图 8-9

步骤 6 保存相册

设置完成后,单击"保存影集"按钮,就可以保存相册了。保存时,系统会提示要求书写影集名称和影集描述,此时,可根据内容写好描述,按照提示完成。

在完成电子相册制作后,便可以在 QQ 空间查看效果了,还可以设置其在 QQ 空间的主页显示,如图 8-10 所示。

数字多媒体技术基础

图　8-10

课堂练习

> **任务背景**：在本课中，我们学习了如何在互联网环境中制作电子相册和上传照片。用
> 　　　　　QQ动感相册为例讲解了电子相册的使用方法。
> **任务目标**：自己动手上传照片和制作动感电子相册。
> **任务要求**：使用QQ照片上传工具上传10张照片，并将其制作成动感影集。
> **任务提示**：注意照片的尺寸不要太大，可以在上传前降低一下照片的尺寸。

课后思考

（1）网络电子相册是否可以保存到计算机中？
（2）请尝试用其他方式制作一个网络电子相册，例如网易的电子相册？

第9课　用Photoshop软件实现广告创意——我心飞翔

　　Photoshop是一款功能强大的图像处理软件。它可以通过强大的图像处理功能，圆满地完成一个创意设计。用图像表现的创意是直观而且袭人眼球的。在本课中，将通过这款图像处理软件来实现一个广告创意。

课堂讲解

> **任务背景**：创意是广告的生存之本，没有创意的广告就像没有生命一样苍白无力。
> **任务目标**：运用Photoshop的图像处理功能，完成一个广告创意。
> **任务分析**：通过使用Photoshop的抠图功能和蒙板功能实现一个广告的创意过程。

步骤 1　在 Photoshop 软件中打开 fc1.jpg 素材文件

打开 Photoshop 软件,在菜单中选择"文件"→"打开"选项(快捷键为 Ctrl+O),或在工作窗口中双击空白处,弹出"打开设置"窗口,选择并打开素材文件"fc1.jpg"。

步骤 2　复制图层

按 F7 键打开图层面板,在图层面板中选择"背景"层,在菜单中选择"图层"→"复制图层"选项;或直接拖曳"背景"层到"图层"面板下方的"新建图层"按钮上,复制一个背景层为"背景副本"。

选择"背景副本"层,关闭"背景"层的显示开关,在"背景副本"层上制作,如图 9-1 所示。

图　9-1

步骤 3　用魔棒工具对图像进行抠图

在工具栏中选择魔棒工具(快捷键 W),按 Shift 键在飘带和人物上进行选择,直至将飘带和人物全部选择完毕,如图 9-2 所示。

图　9-2

保持选择状态,在菜单中选择"选择"→"修改"→"羽化"选项(快捷键 Ctrl+Alt+D),弹出"羽化选区"对话框,设置羽化半径为 1 像素,单击"确定"按钮,如图 9-3 所示。

数字多媒体技术基础

图　9-3

　　保持选择状态,在菜单中选择"图层"→"新建"→"通过剪切的图层"选项(快捷键 Ctrl＋Shift＋J),剪切一个新的图层出来,即为"图层 1",这样就把人物和背景分开来了,有利于后面的编辑,如图 9-4 和图 9-5 所示。

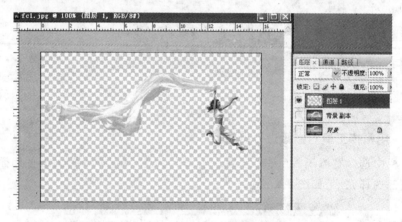

图　9-4

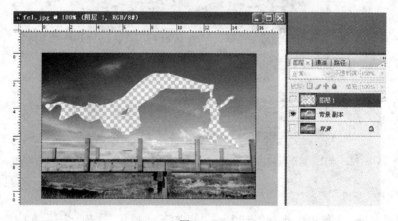

图　9-5

步骤 4　用图章工具把"背景副本"被剪切部分填充

选择"背景副本"层,按住 Ctrl 键,在"图层 1"上单击,调出"图层 1"的选项区域。

在工具栏中选择图章工具(快捷键 S),按住 Ctrl 键,单击选区边上相似的颜色区域,然后在选区中进行填充,如图 9-6 所示。

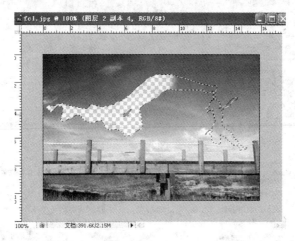

图　9-6

填充完后,按 Ctrl+D 组合键去掉选区。

步骤 5　为"背景副本"层添加蒙板

选择"背景副本"层,在工具栏中选择钢笔工具(快捷键 P),在"背景副本"层上绘制一个四方形,调整位置大小,如图 9-7 所示。

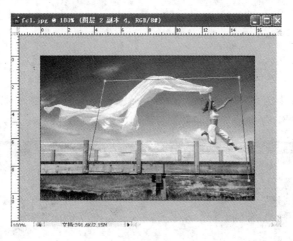

图　9-7

打开"路径"面板,选择"路径 1"层,单击"路径"面板下方的"将路径作为选区载入"按钮,使路径作为选区载入,如图 9-8 所示。

回到"图层"面板中,选择"背景副本"层,单击"图层"面板下方的"添加矢量蒙板"按钮,为"背景副本"层添加"矢量蒙板",如图 9-9 所示。

数字多媒体技术基础

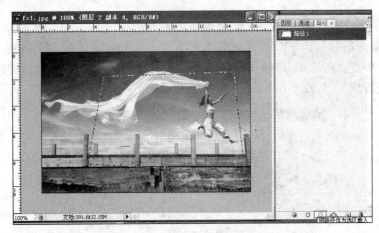

图 9-8

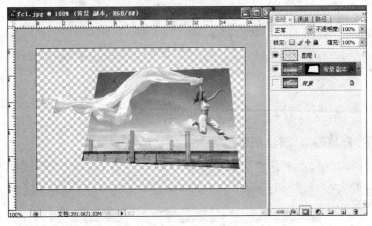

图 9-9

步骤 6 新建一个图层，填充灰色作为背景层

单击"图层"面板下方的"新建图层"按钮，新建一个图层，在颜色设置栏中设置前景色为灰色，按 Alt＋Delete 组合键填充颜色，移动新建"图层 2"至最后一层，如图 9-10 所示。

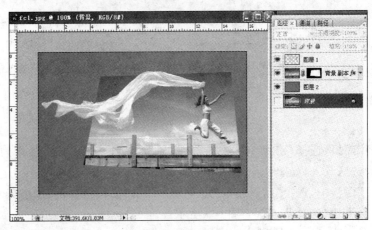

图 9-10

步骤7 添加描边

选择"背景副本"层,按住 Ctrl 键,单击"背景副本"右侧的
"图层蒙板缩略图",调出蒙板选区。

单击"图层"面板下方的"新建图层"按钮,新建一个图层;
在菜单中选择"编辑"→"描边"选项,弹出"描边"窗口,设置宽
度为 6px;颜色为白色;位置为"居中",单击"确定"按钮,如
图 9-11 所示。

按 Ctrl+S 组合键保存文件,最终效果如图 9-12 所示。

图 9-11

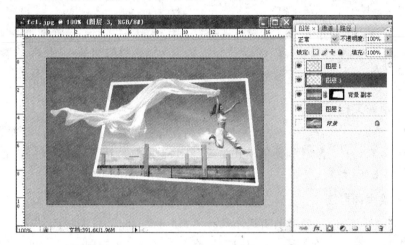

图 9-12

课堂练习

任务背景:通过本课学习,掌握了 Photoshop 的基本抠图方法和蒙板的使用。这是
Photoshop 软件的初级图像编辑功能。

任务目标:用本课所学的方法,尝试实现一个广告创意。

任务要求:广告创意要求有新意,有视觉冲击力,制作精美。

任务提示:多欣赏优秀的平面设计广告,可以获得很多创意。

课后思考

(1)请尝试 Photoshop 的其他抠图方法。

(2)如何解释 Photoshop 的蒙板功能?

第10课 设计一个平面广告——名水华府

平面广告、影视广告、动画广告和媒体广告是广告的主要类型。平面广告作为广告的一
个重要类型包括招贴广告、POP 广告、报纸杂志广告。平面广告设计利用视觉元素(文字、

数字多媒体技术基础

图片等)来传播广告项目的设想和计划,并通过视觉元素向目标客户表达广告主的诉求点。平面广告设计的好坏除了灵感之外,更重要的是能否准确地将诉求点表达出来,能否符合商业的需要。

平面广告是由点、线、面构成的。优秀的平面广告作品是点、线、面的和谐组合,不失大体,也不觉得另类,适合大众化;同样也可以说是图片、文案的组合,图片和文案之间简捷地组合,以达到设计者和需求者的要求为目的。

课 堂 讲 解

任务背景: 广告在生活中随处可见,每个漂亮的海报都令人赏心悦目甚至叹为观止,它们凝聚了设计师的智慧。

任务目标: 运用 Photoshop 的滤镜和遮罩功能设计一张海报,表达一个主题和创意。

任务分析: 海报的设计重在创意,通过非凡的创意表达主题的内容,整体效果要有视觉冲击力。

步骤 1　新建文档

启动 Photoshop CS4 软件,选择"文件"→"新建"选项,新建一个文档,设置宽度和高度分别为"2250 像素、3100 像素",颜色模式为 32 位 RGB 颜色,背景内容为白色,名称为"名水华府",如图 10-1 所示。

步骤 2　编辑背景图

在软件空白处双击,在弹出的窗口中选择素材"背景.jpg",单击"打开"按钮。双击该图片的图层,将其解锁。选择该图,将其拖曳至"名水华府"的文档中。按 Ctrl＋T 组合键,然后按住 Shift 键,等比例调整其大小。

选择图层上的"背景.jpg"图层,按 Ctrl＋J 组合键,复制该图层,选择"图像"→"调整"→"色阶"选项,在打开的对话框中将复制的背景图层调亮一些,如图 10-2 所示。

图　10-1

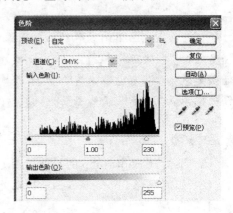

图　10-2

步骤 3　用蒙板绘制山

选择"文件"→"打开"选项,在弹出的窗口中,双击素材"山水.jpg",将素材中的"山水"文件打开,拖曳至"名水华府"文档内,移动图片至中间位置。

选择工具栏上的"画笔"工具,在空白处右击,在弹出的修改画笔大小窗口中,修改画笔

大小为 300，不透明度为 50％。在工具栏将背景填充颜色设置为黑色。单击图层面板下方的"添加矢量蒙板"按钮，然后在"山水.jpg"图上绘制出山峰的轮廓。在图层的混合模式里，选择"正片叠底"选项，不透明度为 68％，如图 10-3 所示。

图 10-3

步骤 4　用蒙板绘制水和树

选择"背景.jpg"图层，按 Ctrl＋J 组合键再次复制该图层，选择工具栏上的"矩形选择工具"框选上半部分，按 Delete 键删除上半部分。使整个图的下半部分变暗，如图 10-4 所示。

打开素材"底纹.jpg"，将其拖曳至"名水华府"文档里，置于图层的最上层。

在"图层"面板左上方，设置该图层的混合模式为"叠加"，按住鼠标左键将其往下拖动，使其与"图层 2"重合，做出水面的效果。

用前面的方法添加一个蒙板，用黑色画笔画出需要的部分，不透明度调节为 60％。此时图层效果如图 10-5 所示。

图 10-4

图 10-5

数字多媒体技术基础

选择"文件"→"打开"选项,在弹出的窗口中,选择素材"树.jpg",单击"打开"按钮。

双击图层将其解锁,按住鼠标左键将该图拖曳至"名水华府"文档中,在图层的混合模式上选择"明度"选项。

用前面的方法为图层添加一个蒙板,画出树的范围,移动图像到画面的中间位置,如图 10-6 所示。

图 10-6

步骤 5　绘制线框图层

单击"图层"面板下方的"添加新图层"按钮,添加一个新的"图层 5",选择工具栏上的"画笔工具",按住 Shift 键的同时,绘制线条,直到画出一个长方体的边框,效果如图 10-7 所示。

图 10-7

设置图层的混合模式为"柔光",不透明度调节为 95％，选择该图层，单击"图层"面板下方的"添加图层蒙板"按钮，用画笔工具绘制线条的渐变效果，如图 10-8 所示。

图　10-8

步骤6　绘制墙面图层

添加一个新的"图层 6"，选择工具栏上的"多边形套索"工具，画出侧面墙体的选区，选择工具栏上的"颜料桶"工具，填充颜色为正常，不透明度设置为 20％。在图层上创建一个渐变蒙板，制作出渐变墙面的效果。用同样的方法制作出另一面墙，效果如图 10-9 所示。

图　10-9

数字多媒体技术基础

步骤7　编辑窗户图层

打开素材"窗.jpg",双击图层将其解锁,并将其拖曳至"名水华府"的制作文档中,选择工具栏上的"魔术棒"工具,光标变成"魔术棒"后,单击黑色区域,按 Delete 键删除窗户轮廓外的颜色。选择"编辑"→"自由变形"选项,运用变形工具将其变形,形成透视状。也可以按住 Ctrl 键,同时按住鼠标左键拖动"变换控制点"来调整形状,效果如图 10-10 所示。

步骤8　编辑客厅图层

打开素材"客厅.jpg",双击图层将其解锁,并将其拖曳至"名水华府"文档中。

选择工具栏上的"多边形套索"工具,划定选区,将素材裁剪成窗户大小,调整图层位置,将该图层置于"窗"的图层下,如图 10-11 所示。

图　10-10　　　　　　　　　　　　　　图　10-11

步骤9　制作倒影

依照上面的方法,做出倒影来,为倒影添加渐变蒙板图层,使图层有"渐变"的倒影效果,如图 10-12 所示。

图　10-12

步骤 10　输入广告词及内容文字

根据策划需要,输入文字内容,并按照要求进行排列,完成广告制作,如图 10-13 所示。

图　10-13

课 堂 练 习

任务背景: 学习一个平面设计案例后,是不是对图像处理软件很感兴趣呢? 那就再接再厉,自行创作一个平面广告吧。

任务目标: 按照本课所学的技巧,用 Photoshop 软件设计一个平面广告。

任务要求: 画面精致,美观大方,有创意,视觉效果强烈。

任务提示: 可以先准备一些案例来参考,在网上搜索一些图片作为素材,好的图片可以帮助你成功。

课 后 思 考

(1) 请设计一个音乐节的海报。

(2) 请设计一个美术展览的招贴广告。

第3章

音频视频的采集与应用

第11课　音频的录入与编辑

在看恐怖片的时候你可能注意到，如果把电影的声音关闭，其恐怖效果会大打折扣，而当打开音效的时候，恐怖气氛又会席卷而来——这就是音效带给观众的感官效果。音效在数字多媒体里是不可或缺的元素，音频技术是多媒体技术里很重要的一块。掌握音频的录入和编辑技术可以使创作过程更加便捷。

电影里的音效也是需要录入和编辑的，在一些软件里可以生成电子音效。

课堂讲解

任务背景： 你知道哪些工具可以制作出动听的合成音乐吗？在下面的学习中，相信你会对音频的制作有充分的了解。

任务目标： 熟悉音频编辑软件，掌握几款常用的音频编辑软件，制作出一个合成音乐。

任务分析： 根据需要合成一段音效，尝试将多种音效组合在一起。

11.1　录音笔的介绍及音频的输入

录音笔是数字录音设备之一，它外形如笔，携带方便，并拥有多种功能，如激光笔功能、MP3播放功能等。数码录音笔通过数字存储的方式来记录音频。它通过采样、编码将模拟信号通过数模转换器转换为数字信号，并进行一定的压缩后存储，而数字信号即使经过多次复制，声音信息也不会受到损失而保持原样不变。

录音笔录制的声音可以输入到计算机进行编辑加工，其即插即用的便捷性深受媒体工作者的喜爱，录音笔以其轻巧的外形越来越多地被应用到媒体工作和学习中，如图11-1所示。

录音笔有不同款式和品牌，在性能和价格上应该根据实情选择。在选择一支录音笔的时候，应该注意以下几点。

1. 录音时间

因为是录音设备，录音时间的长短自然是数码录音笔最重要的功能指标。根据不同产品之

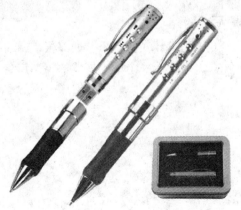

图　11-1

间闪存容量、压缩算法的不同,录音时间的长短也有很大差异。目前数码录音笔的录音时间都在 20~272 小时之间,可以满足大多数人的需要。不过需要注意的是,如果很长的录音时间是通过使用高压缩率获得的话,那么往往会影响录音质量。

2. 电池时间

一般来说,大部分数码录音笔都用 7 号 AAA 型电池,有的小型产品使用纽扣电池,还有的产品内置充电电池。采用一次性电池的好处是可以更换,而使用充电电池则比较便宜。应选择那些电池使用时间在 6 个小时以上的数码录音笔,当然时间越长越好。

3. 音效和存储

通常数码录音笔的音质效果要比传统的录音机好一些。录音笔通常标明有 SP、LP 等录音模式。SP 表示 ShotPlay 即短时间模式,这种方式压缩率不高,音质比较好,但录音时间短。而 LP 表示 LongPlay 即长时间模式,压缩率高,音质会有一定的降低。不同产品之间有一定差异,好品牌的产品,音质会好些,如 Sony 和爱国者品牌,如图 11-2 所示。

在存储上,数码录音笔都是采用模拟录音,用内置的闪存来存储录音信息。闪存的特点是断电后,保存在上面的信息不会丢失,所以根据需要购买闪存足够大的录音笔。现在还有外置存储卡如 CF、SM 卡等。

录音笔现在主要应用于数码录音领域,除了普通的录音功能,它还可以作为麦克风出现在电视节目的录制现场,可以作为录音设备出现在记者报道的一线,也可以作为电话录音工具进行电话录音。因为它的存储功能,还可以把它作为 MP3 播放器和交换音乐文件的临时存储器。

除了录音笔外,还有大型专业录音设备,例如影视拍摄时需要的现场录音设备,这些设备的构造相比录音笔复杂得多,录制的音频效果更加丰富和真实。在当今市场上还有专业的录音公司,专门为企事业单位制作媒体项目的配音,设备也是琳琅满目,如图 11-3 所示。

图 11-2   图 11-3

但是对于大多数媒体用户来说,这些设备只有进入专业的公司部门才能接触到。对于一般的计算机用户来说,首次接触计算机的音频是在操作系统开启、关闭程序或报错时所播放的音乐。对于数字艺术家来说,音频是大多数多媒体产品的重要组成部分。

音频是我们经常接触的一种声波,计算机将其转换成数字格式。为了将模拟声音转换成数字声音,计算机必须对模拟声音取样,然后将这些信息转换成计算机可以理解的格式(0 或 1)。这时采样的是声波快照(如图 11-4 所示),声波的图像越清晰,数字化声音的质量越高,而它存储信息的容量也就越大。

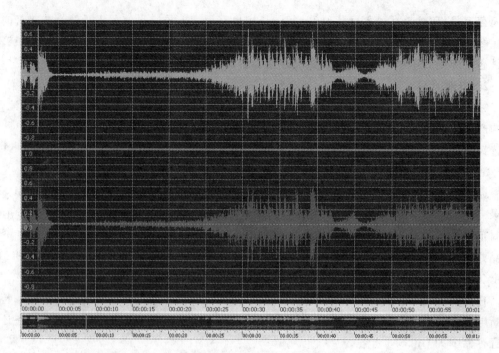

图　11-4

在计算机上的音频录入，是指将声音录入计算机，转换为数字信息存储的过程。最方便的音频录入设备是 Windows 附件中的"声音-录音机"（如图 11-5 所示）。伴随着数字视频和音频的发展，现在这方面的软件很多，录制后的编辑工作也变得越来越简单。

图　11-5

11.2　音频的编辑软件介绍

录制好的音频效果有时候往往不尽如人意，需要进一步编辑，甚至需要增加一些特殊的艺术效果，这时候需要用到音频编辑软件。

音频编辑是一份既简单又精细的工作，而完成这份工作的载体便是音频编辑软件。随着计算机的升级和软件技术的飞速发展，计算机对音频的编辑日渐简单化和多功能化，现在常用的数字音频编辑软件有 GoldWave、Adobe Audition、Sound Forge 等。

GoldWave 是一个集声音编辑、播放、录制和转换于一体的音频工具，体积小巧，功能强大。它可以从 CD、VCD、DVD 或其他视频文件中提取声音。内含丰富的音频处理特效，从一般特效如多普勒、回声、混响、降噪到高级的公式计算（利用公式在理论上可以产生任何想要的声音），效果很多。还可以配合第三方工具导入、导出 PSP 游戏里面的音乐，然后制作手机铃音，或者做一些其他的 DIY，软件封面如图 11-6 所示。

图　11-6

Adobe Audition 是一个专业音频和混合环境编辑工具，

前身为 Cool Edit Pro。Adobe Audition 专为在照相室、广播设备和后期制作设备方面工作的音频和视频专业人员设计,可提供先进的音频混合、编辑、控制和效果处理功能。最多混合 128 个声道,可编辑单个音频文件,创建回路并可使用 45 种以上数字信号处理效果。Adobe Audition 是一个完善的多声道录音室,可提供灵活的工作流程并且使用简便。无论是要录制音乐、无线电广播,还是为录像配音,Adobe Audition 中的工具均可以创造高质量的丰富、细微音效,如图 11-7 所示。

Sound Forge 是为音乐人、音响编辑、多媒体设计师、游戏音效设计师、音响工程师和其他一些需要做音乐或音效的人士开发的。为了适应不同的需要,Sound Forge 提供了大量看起来毫不相干的功能,虽然这样会令普通用户无法立即学会操作,但是一旦学会、甚至融会贯通之后,你会发现这套软件所提供的音频编辑功能很强大。Sound Forge 是那种鼓励你不断创造声音的软件,只有在需要"创造"声音的时候,才会真正感到它无限的功能,如图 11-8 所示。

图 11-7

图 11-8

11.3 音频格式与编辑

听音乐的时候会遇到不一样的音乐格式,而且在使用音频素材的时候也会遇到不同类型的音频格式,那么这些音频格式该如何选择,都分别有什么用呢?

1. 音频格式介绍

(1) CD 光盘的音频格式

CD 光盘中的音频格式是 .cda 格式,也是音质最好的音频格式。标准 CD 格式是 44.1Hz 的采样频率,速率是 88Kbps,16 位量化位数。CD 光盘可以在 CD 唱机中播放,也能用计算机里的各种播放软件来重放,但是它不能被直接复制到硬盘上播放,需要使用转录软件,例如 Windows Media Player 软件将 CD 格式的文件转换成 WAV 或者其他音频格式才能播放。

(2) WAV 音频格式

WAV 音频格式是无损的音频格式,它是微软公司开发的一种声音文件格式,用于保存 Windows 平台的音频信息资源,被 Windows 平台及其应用程序所支持。WAV 格式支持

数字多媒体技术基础

MSADPCM、CCITT A-Law 等多种压缩算法,支持多种音频位数、采样频率和声道,标准格式的 WAV 文件和 CD 格式一样,也是 44.1Hz 的采样频率,速率是 88Kbps,16 位量化位数。WAV 格式的声音文件质量和 CD 相差无几,也是目前 PC 上广为流行的声音文件格式,而且它可以被 Adobe Premiere 软件和 Adobe After Effects 软件支持并编辑。

（3）MP3 音频格式

MP3 音频格式是目前比较流行的音频格式,市场上有专门的 MP3 音乐播放器。这种格式诞生于 20 世纪 80 年代的德国,所谓的 MP3 指的是 MPEG 标准中的音频部分,也就是 MPEG 音频层。根据压缩质量和编码处理的不同分为 3 层,分别对应 MP1、MP2、MP3 这 3 种声音文件。MP3 格式压缩音乐的采样频率有很多种,可以用 64Hz 或更低的采样频率节省空间,也可以用 320Hz 的标准达到极高的音质。

这种声音文件格式也可以被 Adobe Premiere 软件和 Adobe After Effects 软件支持并编辑。

（4）MIDI 音频格式

MIDI(Musical Instrument Digital Interface)允许数字合成器和其他设备交换数据,这种文件格式容量极小,一个 1 分钟的 MIDI 音乐只占用大约 5～10KB 内存。

.mid 格式的最大用处是在计算机作曲领域,.mid 文件可以用作曲软件写出,也可以通过声卡的 MIDI 口把外接音序器演奏的乐曲输入计算机里。

MIDI 不能被 Adobe Premiere 软件和 Adobe After Effects 软件支持,需要转换格式后才能被导入编辑。

（5）WMA 音频格式

WMA(Windows Media Audio)格式音质胜于 MP3 格式。WMA 支持音频流(Stream)技术,文件相对 MP3 较小,适合在网络上在线播放。Windows 操作系统都可以直接播放 WMA 音乐。它可以被 Adobe Premiere 软件和 Adobe After Effects 软件支持并编辑。

（6）RealAudio 音频格式

RealAudio 主要适用于网络上的在线音乐欣赏,现在大多数的用户仍然在使用 56Kbps 或更低速率的 Modem,而在其他领域,RealAudio 音频格式则应用较少。现在 Real 的文件格式主要有 RA(RealAudio)、RM(Real Media,RealAudio G2)等。这些格式的特点是可以随网络带宽的不同而改变声音的质量。

2. 数字音频的编辑

随着计算机技术的发展,特别是海量存储设备和大容量内存在 PC 上的使用,对音频媒体进行数字化处理便成为可能。数字化处理的核心是对音频信息的采样,通过对采集到的样本进行加工,达成各种效果,这是音频媒体数字化编辑的基本含义。

基本的音频数字化编辑主要是不同采样率、频率、通道数的音频之间的变换和转换。变换只是简单地将其视为另一种格式,而转换则是通过重采样来进行,其中还可以根据需要采用插值算法来补偿失真。针对音频数据本身进行各种变换,如淡入、淡出、音量调节等。

下面,从电影《舞出我人生》里提取出一段音乐并对其进行处理和转录。

步骤 1 提取音频

启动 GoldWave 软件,选择"文件"→"导入"选项,选择素材《舞出我人生》,单击"打开"

按钮,导入软件中,此时软件中显示音频的波形图。

　　在音频栏里单击,选择好音频的入点和出点,在工具栏中单击"修剪"按钮,裁剪出需要的时间段,如图 11-9 所示。

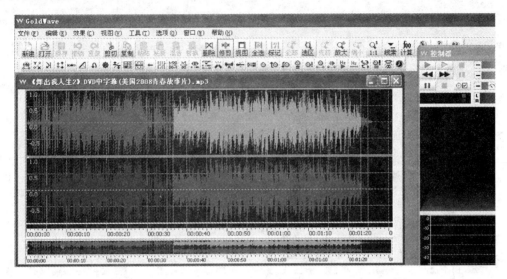

图　11-9

步骤 2　加入效果

　　为音频加入淡入效果。选定前奏部分,单击"淡入工具"按钮,进入"淡入"窗口,如图 11-10 所示。

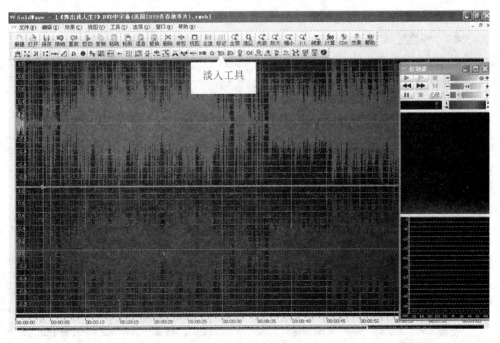

图　11-10

数字多媒体技术基础

在"淡入"窗口中,对淡入的数值进行调整。选中"线性"复选框,设定初始值为-160,如图 11-11 所示。用同样的方式,可以做出该段音频的"淡出"效果。

步骤3　降噪处理

因为这段音乐是从电影里提取的,所以需要对电影里的杂音和人物对话进行降噪处理。选择"效果"→"滤波器"→"降噪"选项,或者单击工具栏里的"降噪"按钮,进入"降噪"窗口,将降噪"比例"调整为 80%,单击"确定"按钮进行降噪,如图 11-12 所示。

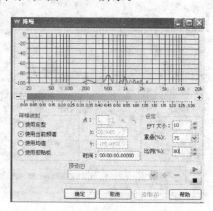

图　11-11　　　　　　　　　　　　　图　11-12

步骤4　保存音频

选择"文件"→"另存为"选项,在弹出的窗口中设置需要保存的文件名和路径,需要注意的是下面的"属性",包括压缩比率、采样频率、采样精度。采样频率越高,文件越大;反之频率越低,文件就越小。在此选择 MP3 格式,单击"保存"按钮,如图 11-13 所示。

图　11-13

课堂练习

任务背景：通过 GoldWave 音频编辑软件的应用案例，我们学习了声音的剪辑和处理，掌握了音效编辑的基本过程。

任务目标：根据本课的学习，用 GoldWave 从电影或者其他资料中提取一段音乐进行处理。

任务要求：要求从视频中提取的音频要清晰，突出重点如突出音乐，删除人声和杂音，最好能加点创意音效。

任务提示：通过降噪和软件自带的消音效果来完成人声和杂音的消除。

课后思考

（1）如何在 GoldWave 中实现 5.1 声道？

（2）如何将音频进行降噪处理？

第12课　DV摄像机介绍及使用

　　在制作数字媒体的时候，往往需要大量的数字视频资料，有些视频素材可以在网络上下载作为练习之用，有些素材需要购买，还有很多视频资料需要亲自去拍摄，这时候就需要一部数字摄像机（DV），来摄录所需的数字视频资料。

　　数字摄像机的选择和使用在摄录数字视频的时候是非常重要的。数码摄像机的生产厂家非常多，不断有新的产品推出，价格也在逐渐下降，摄像机已经逐渐走向千家万户，在这种情况下如何选择 DV，如何使用 DV 去摄取需要的数码视频成为必须掌握的技能。

课堂讲解

任务背景：随着 DV 的大众化普及，你也很想购买一台 DV 来体验摄像的快乐吧。在使用前，需要了解 DV 的工作原理和类型，以及使用 DV 拍摄素材的一些技巧。

任务目标：掌握 DV 的工作原理和使用技巧。

任务分析：了解 DV 的常用摄像功能，逐步掌握摄像技巧。了解 DV 的菜单和相应的拍摄效果，通过实践来搜集视频素材。

12.1　DV 摄像机介绍

　　DV 是英语 Digital Video 的缩写，是数码摄像机的意思。它通过感光元件能把光线转变成电荷，再通过模数转换器芯片将电荷转换成数字信号。DV 摄像机的感光元件主要有两种：一种是广泛使用的 CCD（电荷耦合）元件；另一种是 CMOS（互补金属氧化物导体）器件，如图 12-1 所示。

　　很多用户买摄像机时很关心摄像机的像素，像素值当然很重要，但还有一个更重要的指标，就是

图　12-1

数字多媒体技术基础

数码摄像机的感光元件,摄像机感光元件是采用 CCD 的还是 CMOS 的直接影响到摄像机的性能。总的来说,CCD 的性能和拍摄质量上要好些,但是耗电;CMOS 很省电,但是拍摄的质量要稍稍差点,但是价格便宜。而且对于同类型的感光元件,尺寸越大其成像质量越好,相应的摄像机价格就越贵。你可以根据具体需要来购置设备。

数码摄像机一经上市就受到广大用户的青睐,一直以来,数码摄像机推陈出新,品牌和功能也日新月异,给用户带来了无限快乐。数码摄像机作为新视频时代的主流设备,比起传统的模拟摄像机(模拟格式的摄像机使用的摄像带与家用的录像机是同一格式)有以下优点。

(1) 清晰度高。由于模拟摄像机记录的是模拟信号,所以影像清晰度(也称之为解析度、解像度或分辨率)不高,如 VHS 摄像机的水平清晰度为 240 线、最好的 Hi8 机型也只有 400 线。而 DV 记录的则是数字信号,其水平清晰度已经达到了 500～540 线,可以和专业摄像机相媲美。

(2) 色彩更加纯正。DV 的色度和亮度信号带宽差不多是模拟摄像机的 6 倍,而色度和亮度带宽是决定影像质量的最重要因素之一,因而 DV 拍摄的影像色彩就更加纯正和绚丽,也达到了专业摄像机的水平。

(3) 无损复制。DV 的存储采用硬盘、光盘、DV 带、存储卡这四大类存储设备存储它所记录的数字信号,可以无数次地转录,影像质量丝毫不会下降,这一点也是模拟摄像机所望尘莫及的。

(4) 轻巧外形,极富时尚感。采用当今最新镁合金先进工艺,结合尖端工程技术,令 DV 数码录放一体机领导时代潮流,功能出众,操作简易。

伴随着数码技术的发展,数码摄像机的存储介质、传感器和机型型号越来越多,分类方式也很多,按照用途分类,可以分为以下几种。

1. 广播级机型

作为广播电视专用的机型,图像质量高,性能全面,价格也比较昂贵,体积比较大,它们的清晰度最高,信噪比最大,图像质量最好。当然几十万元的价格也不是一般人能接受得了的。例如,索尼 DSR-970P 机型,如图 12-2 所示。

2. 专业级机型

在广播电视以外的专业电视摄像领域,如电化教育等,图像质量低于广播用摄像机。不过近几年一些高档专业摄像机在性能指标等很多方面已超过旧型号的广播级摄像机,价格一般在数万元至十几万元之间。

图 12-2

相对于消费级机型来说,专业 DV 不仅外形更酷,而且在配置上要高出不少,例如采用了有较好品质表现的镜头、CCD 的尺寸比较大等,在成像质量和适应环境上更为突出。对于追求影像质量的朋友们来说,影像质量绝对优秀。代表机型如索尼公司的 HVR 系列机型,如图 12-3 所示。

3. 消费级机型

为家庭使用而设计的摄像机,应用在图像质量要求不高的非业务场合,例如家庭娱乐等,这类摄像机体积小,重量轻,便于携带,操作简单,价格便宜。在要求不高的场合可以用它制作个人家庭的 VCD、DVD,价格一般在数千元至万元之间,如图 12-4 所示。

图　12-3

图　12-4

当然还有其他的分类方式,例如按照存储介质、传感器的类型和数目进行分类。无论如何分类,了解它们的性能和使用领域,会让我们更好地选择和使用数码摄像机。

12.2　DV 拍摄技巧

"在摄影中,最小的事物可以成为伟大的主题",布列松提出了摄影史上最著名的"决定性瞬间"观点。他认为,世界上凡事都有其决定性瞬间,他决定以决定性瞬间的摄影风格捕捉平凡人生的瞬间,用极短的时间抓住事物的表象和内涵,并使其成为永恒。

早期的摄影如 20 世纪四五十年代,摄影师使用的是黑白相机,相机的功能简单却能涌现出一大批摄影大师。作品的好坏不在于设备的先进与否,而在于摄影的技巧和作者的审美高度。

DV 的真正价值也在于此。同样的工具在不同使用者的手中,拍摄出的作品层次是不一样的。

下面总结一些在日常拍摄中应该了解的几点技巧。

(1) 如果条件允许,可以在美术基本功底上下足工夫,如造型的塑造能力,颜色的配置,构图的讲究,点、线、面的运用等。除此外,美学理论也应具备如形式美法则,美的韵律感等。在熟练掌握这些基本的理念后再去拍摄,一定会有与众不同的眼光。

(2) 提升审美层次。具备了美学基础的同时,还需要提升自身的审美层次。同一个相机,同一块景物,为什么不同的人所拍摄出来的作品相差很大呢? 这是个人角度问题,也是个人观察世界的方法,更是个人审美的差别。"多看,多想"可以弥补与大师水平的差距。

(3) 到拍摄的具体操作时,首先要了解相机的使用,即对使用工具的足够了解。挖掘相机的功能,可使使用者在现有条件上发挥最大的拍摄水平。

(4) 掌握基本的拍摄理论可使拍摄作品大放异彩。在此推荐《美国纽约摄影学院摄影教材》(上下册)。

(5) 稳是摄像爱好者要牢记的第一要素。不管是推、拉、摇、移、俯、仰、变焦等拍摄技巧,总是要围绕着怎样维持画面的稳定展开工作,这样才能拍摄出好的素材。除非在拍摄特殊场面如打斗场景时需要晃动镜头拍摄。

总结起来,保持画面的稳定从三个方面可以很好地解决。

数字多媒体技术基础

① 条件允许的时候坚决使用三脚架。使用三脚架是保持画面稳定最简单也是最好的方法,不但方便携带,而且还可以更大地突破环境的限制,在各种场合使用,如图 12-5 所示。

② 保持正确的拍摄姿势。正确的拍摄姿势包括正确的持机姿势和正确的拍摄姿势。持机姿势没有固定的模式,因摄像机的不同而不同,但是一般在开取景器的时候一定要用左手托住取景器,否则极易造成摄像机的晃动,如图 12-6 所示。

图 12-5 图 12-6

③ 练好拍摄的基本功。拍摄不仅是一种艺术创作的方式,也是一种体力劳动。良好的身体素质和较高的审美情操是拍摄好作品的首要条件。基本功的练习首先是多动手,在历次的拍摄中总结经验;其次是要多看,看看别人或是电视中的画面是怎样的,去粗取精,多多学习总是好事;再次是多想,看看自己的作品和好作品的差距在哪里;最后是多问,学问就是"学"和"问"的辩证关系,虚心好学是美德,也是获取知识最重要的途径之一。

(6) 其他拍摄技巧。同绘画和摄影一样,摄像也是一种艺术手法,线条的明快以及画面的和谐是关键。好的构图不仅让人感觉主题明确,而且会给人以视觉和心理上的冲击;失败的构图则会让人觉得拍摄的素材杂乱无章。所以,要想提高摄像水平,必须从构好图这个环节入手。摄像构图要从以下几个方面开始。

① 合理利用远、全、中、近、特。远景一般在表现宏大场面的时候使用,主要是为了让人感到气势磅礴、规模巨大;全景一般指将一个事物的全貌展现给大家,例如拍摄人的全景,是将人从头到脚全部收到镜头里面,让人了解事物的全貌;中景是指选取事物的一部分,但是能够突出主体而且基本上可以表现全部的部分,例如说人物构图,一般是指半身照,但这里要特别注意,拍摄人的中景时切忌在人的关节例如膝盖、腰部截图;近景一般是着力刻画细节的时候使用的表现手法,例如专拍人物的面部表情;特写就是进一步的刻画,在拍摄小动物的时候用得比较多,例如拍摄花瓣上的蜜蜂就必须用特写的手法来拍摄。景别的取舍主要根据拍摄所要表达的主题来选择,不能为了构图而构图,这一点一定要牢记在心。

② 学会黄金分割点构图和三分之一构图。一个画面当中在黄金分割点的事物是最能引起视觉注意的,而不是大家浅显感觉的中点。所以在构图时,尽量避免将主体放在中心的

做法。有一种比较粗糙的划分黄金分割点的方法,就是将一个画面用两条竖线和两条横线分为9个部分,那么4条线的4个交点基本上就是人的视觉中心,将主体放在交点上可以引起人的视觉注意。例如,美国摄影大师布列松拍摄的女星玛丽莲·梦露,如图12-7所示。

③ 利用色彩和静动相衬构图。红花总要绿叶来衬托,摄影摄像构图也是这样。如果整个画面都是绿的,只有一点红,那么无论这点红在哪个位置,总能引起人的视觉注意,所以利用好色彩构图往往能够产生意想不到的效果。另外还有静动对比构图,在电视上经常看到车辆来来往往,人潮涌来涌去,只有主角在街上慢慢行走,那么我们自然就注意他而忽略了其他背景。同理,如果所有的物体都是静止的,只有一个物体在动,我们也会自然地注意它。合理地运用静动相衬,可以拍摄出意想不到的效果,如图12-8所示。

图　12-7

图　12-8

(7) 利用光影表现对象。在具体拍摄的时候会遇到不同方向的光源,要用不同的拍摄方法拍摄。

采用光线时要根据具体的主题和光线来随机使用,没有绝对。拍摄时以最能表现对象特征或最能体现作者意图为准。图12-9所示为美国摄影师布列松拍摄的沙滩上的孩子的逆光效果。

(8) 合理利用手动。在早期的照相机或傻瓜型摄像机里,自动功能为使用者提供了很多方便。虽然现在摄像机的自动功能十分完善,但是要想进一步提高摄像水平,采用手动是十分有必要的。合理正确地使用手动,除了需要掌握相机的功能外,还需要掌握光源的曝光技巧,这些技巧都可以在平时的经验中获得。例如在黑夜里长时间曝光时的拍摄,如果合适地抖动手中的相机,会形成梦幻般的图像效果,如图12-10所示。

图 12-9

图 12-10

熟能生巧,在实践中练习是提高 DV 拍摄技术的必经之路,用 DV 记录生活的点滴,不仅可以锻炼摄影摄像技术,也能作为岁月的见证。

课堂练习

任务背景:本课介绍了 DV 不同机型的分类和使用人群。通过对 DV 使用技巧的学习,可以为以后数字媒体的创作提供更多帮助。

任务目标:请按照本课的教程实例方法,分析 DV 的各项数据对拍摄画面的影响,并自行拍摄一段故事短片。

任务要求:短片充满故事性,DV 使用方法要准确,拍摄效果良好,如果拍摄中创意独特、故事完整就更好了。

任务提示:在 DV 拍摄前写好剧本,可使拍摄过程更加顺利。在 DV 的使用过程中理解本课所学的拍摄方法和技巧。

课后思考

(1) 你希望未来买哪个牌子的 DV,它有什么优势?

(2) 尝试给你拍的短片进行剪辑与合成。

第13课　视频的拍摄及输出

前期的素材拍摄是复杂的过程,除家用型的拍摄方式外,专业的拍摄团队还提供道具、化妆、场景、摄影等。

一般拍摄下来的镜头或者图片只能作为待用素材,它需要经过后期加工才能应用到项目中。那么首先要做的是将它们输入到计算机。如何将这些素材输入到软件里进行编辑呢？特别是对于磁带类的储存器，如何将素材导出来呢？

课堂讲解

任务背景：当拍摄完所有视频素材后一定兴奋异常，但高兴还为时过早，因为单个镜头的
　　　　视频或者未经处理的图像只能算是素材，还不能称之为作品。接下来，要把它
　　　　们输入到计算机上进行编辑处理。

任务目标：将拍摄好的 DV 素材输入到计算机上进行编辑。

任务分析：准备好硬件设置，安装好软件，掌握操作步骤和基本的素材编辑方法。

13.1　素材的输入

在进行视频输出前要做好各项准备工作。

（1）将 DV 机充满电，或者将电源线连接到电源和 DV 机上，如果视频素材比较多的
话，输出一般都要几十分钟甚至更长时间，以免半途因为电源不足而导致输出失败。

（2）确定计算机是否安装有 1394 采集卡（如
图 13-1 所示）。一般的 1394 采集卡在市场上售
价是 140 元左右。把采集卡安装到计算机的 PCI
插槽中，然后开机并安装配套软件，采集卡的驱
动程序和采编软件通过这个步骤一次完成。

（3）安装 Premiere CS4 软件。Premiere 是
比较专业的非线性编辑软件，它不仅可以用做专
业的视频编辑，而且用它来采集视频也非常方
便。当今最新版本是 Premiere CS4，如图 13-2 所示。

图　13-1

（4）准备足够的硬盘空间。视频输出时，如果是无损压缩的 AVI 格式，文件相当大，所
以一般要准备 10GB 以上硬盘空间。

前期工作准备好以后，就可以开始操作了。

步骤 1　连接 DV 机和采集软件 Premiere CS4

将 DV 的视频数据线连接到计算机的 1394 采集卡插槽口上。将电源打开，将 DV 机转
换到播放模式，如图 13-3 所示。

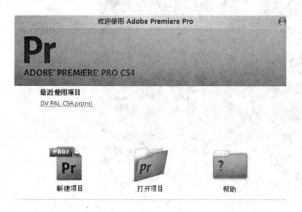

图　13-2

图　13-3

数字多媒体技术基础

步骤 2　启动 Premiere CS4 软件

启动 Premiere CS4 软件。设置文件的路径和文件名。单击"确定"按钮,进入到文件的序列设置窗口,展开 DV-PAL 下拉列表,根据 DV 拍摄的模式选择尺寸,在此选择标准的 4:3 的尺寸,单击 OK 按钮,如图 13-4 所示。

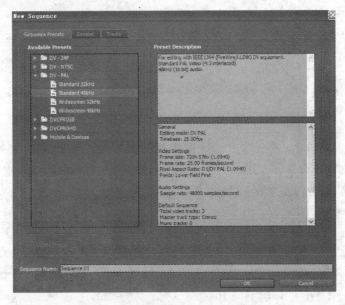

图　13-4

步骤 3　设置采集属性,采集素材

此时进入到 Premiere CS4 软件的主界面。选择"文件"→"采集"选项,弹出"采集"对话框。在该对话框的左侧界面上有播放、后退、快进、裁切等按钮。单击"播放"按钮,可以控制摄像机播放,再单击红色的按钮就可以录像(采集)了。按 Esc 键可以停止采集。

在右侧界面的"记录"栏里,可以设置采集的内容,采集音频或者视频,或者两者都采集;"素材数据"是详细记录所采集好的素材的详细信息。在"设置"栏里,可以设置视频存放的路径,如图 13-5 所示。

图　13-5

13.2 素材的编辑

当 DV 视频素材全部采集完毕后，关闭采集窗口，回到软件界面。双击项目窗口空白处，或者选择"文件"→"导入"选项，在弹出的"导入"窗口中选择导入的素材，将素材导入到软件里进行编辑。下面将用一个实际案例来详细讲解素材的编辑。

步骤 1　导入视频

双击项目窗口空白处，在弹出的"导入"窗口中，选择素材"导出素材.avi"，双击导入素材。

回到软件项目窗口，双击"导出素材.avi"，即可弹出素材源窗口，在素材源窗口中可以控制素材的播放、倒退、快进等，如图 13-6 所示。

图　13-6

步骤 2　裁切和插入视频

拍摄好的素材一般都粗糙不堪，包括很多 NG 镜头都需要删除掉，可以用素材源窗口的裁切功能将好的素材片段保留下来，去粗取精。

将素材源窗口的播放指针停留在 22 秒 01 帧的位置，单击"设置入点"按钮，将播放指针播放到 30 秒 10 帧处，单击"设置出点"按钮。此时素材被截取了一小段。单击素材源窗口右下方的"插入"按钮，将素材插入到"时间线"面板上，如图 13-7 所示。

图　13-7

数字多媒体技术基础

步骤 3　编辑素材

如果有多段素材或者多个镜头要插入，可以按照这种方法操作。插入素材的时候，注意"时间线"面板上的时间线指针位置，插入的素材将从时间线指针当前停留的位置插入，随即右侧的"监视器"窗口将出现编辑好的最终效果，如图 13-8 所示。

图　13-8

时间线上的素材就是将要编辑的素材。可以对它进行复制、粘贴、移动位置等。将光标停留在素材的两端，当光标出现红色的中括号形状时就可以拖拉素材，将其延长。

导入音频素材的编辑方法和视频的编辑方法是一样的。

步骤 4　基本编辑方法和操作工具

在编辑素材的时候少不了要用到相应的操作工具，Premiere CS4 软件提供了近 10 种操作工具，且都能用快捷键操作。当光标移到工具上停留的时候，会显示相应的工具说明和快捷键，如图 13-9 所示。

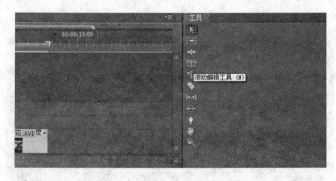

图　13-9

选择工具：单击素材即可选择素材片段，可以拖动素材，也可以延长或者缩短素材内容。

轨道选择工具：一键即可选择整个轨道的所有素材。

波纹编辑工具：光标移动到两个相邻素材中间拖动素材时，两端素材会整体跟随移动改变素材内容。

滚动编辑工具：光标移动到两个相邻素材中间拖动素材时，两个相邻素材的断点会跟随移动改变素材内容，但不会改变整段素材的长度。

速率伸缩工具：调整素材的速率。素材变短则速率变快，反之变慢。

剃刀工具：用来裁剪素材。快捷键是 C 键。

错落工具：光标在素材上拉动时，可显示观看素材的播放片段。

滑动工具：选择一段素材，可以滑动素材位置，此段素材将优先占据时间线。

钢笔工具：在时间线上可以拖动关键帧。

手型工具：移动整段时间线位置。

缩放工具：缩放时间线大小。

步骤 5　添加视频特效

素材裁切排列完毕后，即可对视频进行特效控制，在 Premiere CS4 软件提供了多种多样的视频特效，如图 13-10 所示。

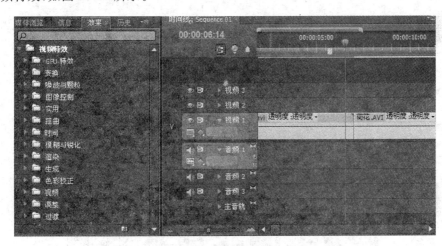

图　13-10

在此，选择"调整"→"色阶"选项，将"色阶"拖曳至"导出素材．avi"视频上放开，此时，视频上会出现一根绿线，说明特效已经增加。单击窗口上的"特效控制台"标签，展开窗口，打开"色阶"特效属性，调整数值即可调整视频素材的颜色，如图 13-11 所示。

其他视频特效的添加方法与此类似。

步骤 6　添加视频转换

当有多段视频素材的时候，你可能想要给它们添加片段或者镜头场景转换的特殊效果。在 Premiere CS4 软件里，也提供了多种视频转换效果，如图 13-12 所示。

在此，选择"叠化"→"白场过渡"选项，将"白场过渡"用鼠标拖曳至"时间线"面板上两端素材相接处放开，此时增加了一个过渡效果，在特效控制台上可以对这个效果进行编辑，如图 13-13 所示。

数字多媒体技术基础

图　13-11

图　13-12

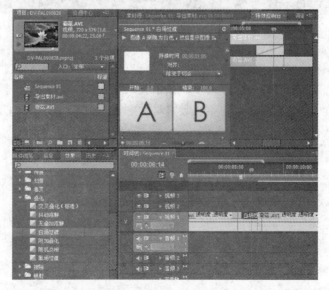

图　13-13

课堂练习

任务背景：本课介绍了 Premiere CS4 软件的基本操作方法和工具功能，以及素材的输入方法。通过本课的学习，可以全局掌握非线性软件编辑的功能和特点。

任务目标：按照本课内容，将自己拍摄的素材导入，并进行简单的编辑。

任务要求：剪辑素材精细，界面熟练，能简单应用操作工具。

任务提示：如果熟练掌握了各个功能的快捷键，那么操作效率会大大提高。

课后思考

(1) 一个完整的故事片的剪辑需要注意什么？

(2) 你了解什么是蒙太奇吗？

第14课　视频编辑基础——都市生活

也许大家拍摄了不少视频素材，但是往往为这些素材的何去何从而发愁，因为它们既不完整也不统一，琐碎且粗糙，真是弃之可惜，用之无味。那么就有必要对它们进行编辑，将它们制作成一个完整的作品。

通过上节课的学习，掌握了 Premiere 操作界面和工具的使用，了解了 Premiere 处理视频的基本步骤和要领。这节课将进一步讲解视频的编辑技能。

课堂讲解

任务背景：上节课已经学到一些基本方法，聪明的你是不是已经掌握了基本技巧呢？接下来继续学习一个视频编辑的完整制作过程吧。

任务目标：掌握视频编辑的基本技能，能独立编辑视频素材。

任务分析：学习软件可以通过对比自己熟悉的软件来进行，初步掌握软件的基本思路和常用工具。

步骤 1　新建项目序列

打开 Adobe Premiere Pro CS4，在启动界面执行"新建项目"命令，创建一个新项目文件，在"名称"文本框中输入项目名称"都市生活"，选择项目的保存路径，保持其他选项不变，单击"确定"按钮。

在弹出的"新建序列"对话框中，选择视频的"编辑模式"为 DV PAL，"时间基准"为"25.00 帧/秒"，"像素纵横比"为 D1/DV PAL(1.0940)，"场"选择"下场优先"，保持其他选项不变，单击"确定"按钮，如图 14-1 所示。

步骤 2　导入素材

在菜单中选择"文件"→"导入"选项（快捷键 Ctrl+I），或在项目面板空白处双击，在弹

数字多媒体技术基础

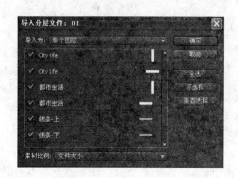

图 14-1

出的"导入"对话框中选择 01.psd 素材,单击"导入"按钮,当导入 PSD 文件时,系统会弹出"导入分层文件:01"对话框,在"导入为"选项中有 "合并所有图层"、"合并图层"、"单个图层"和"序列"4 个选项,这里选择"单个图层"选项,单击"确定"按钮,即可导入单个图层,如图 14-2 所示。

在项目面板空白处双击,在弹出的"导入"对话框中选择 01.mov、03.mov、04.mov 和 39.mov 视频素材,单击"导入"按钮导入到项目窗口中。单击项目窗口下方的"新建文件夹"按钮,新建一个文件夹,重命名为 video,选择导入的视频素材用鼠标拖曳到 video 文件夹中,这样便于管理素材,如图 14-3 所示。

图 14-2　　　　　　　　　　　　　　　　图 14-3

步骤 3　编辑文字素材

在项目窗口的 01 文件夹中,选择"都市生活"和 City Life 的 PSD 素材文件拖曳到当前"时间线"编辑窗口视频轨道 1 和视频轨道 2 中,调整播放时间为 3 秒,如图 14-4 所示。

步骤 4　为"都市生活"素材添加视频特效

选择视频轨道 2 中的素材"都市生活.psd",在效果窗口中选择"视频特效"→"透视"→"阴影(投影)"选项,拖曳到视频轨道 2 中的素材"都市生活/01.psd"上,为其添加"阴影(投影)"视频特效。在特效控制台窗口中调整"阴影(投影)"特效参数,如图14-5所示。

图 14-4 图 14-5

选择视频轨道1中的素材 City Life/01.psd,复制视频轨道2中的素材"都市生活/01.psd"上的"阴影(投影)"视频特效,粘贴到视频轨道1中的素材 City Life/01.psd 上,为 City Life/01.psd 素材添加"阴影(投影)"视频特效。

步骤5 创建关键帧动画

选择视频轨道1中的素材 City Life/01.psd,在时间指针17帧的位置,在特效窗口中单击"运动"→"位置"和"透明度"前的时间码按钮 添加位置和透明度关键帧,位置为"500.0,300.0",透明度为0.0%;在时间指针1秒15帧的位置添加关键帧,位置为"374.0,300.0",透明度为100.0%,如图14-6所示。

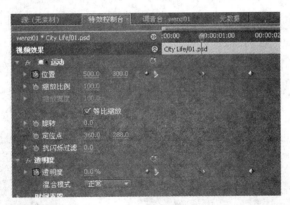

图 14-6

步骤6 新建序列文件

在菜单中选择"文件"→"新建"→"序列"选项(快捷键 Ctrl+N),在弹出的"新建序列"对话框中设置"序列名称"为 video,在"常规"选项卡中设置参数如图14-7所示。

步骤7 新建视频轨道

在轨道上右击,在弹出的对话框中选择"添加轨道"选项,弹出"添加视音轨"对话框,在"视频轨"选项组中选择添加3条视频轨,如图14-8所示。

数字多媒体技术基础

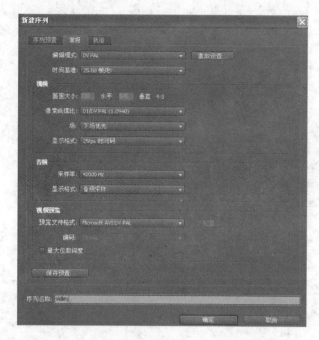

图 14-7

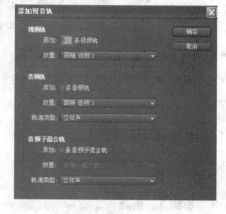

图 14-8

步骤8　编辑素材

在项目窗口 video 文件夹中双击 01.mov 视频素材，打开"素材源"窗口，在"素材源"窗口中进行裁剪。在时间指针 10 秒的位置，单击窗口下方的"设置入点"按钮，在 10 秒的位置设置入点，单击窗口下方的"插入"按钮，插入文件到当前时间线窗口中，如图 14-9 所示。

步骤9　为 01.mov 素材添加视频特效

选择视频轨道 1 中的 01.mov 素材，在效果窗口中选择"视频特效"→"色彩校正"→"RGB 曲线"选项，拖曳到视频轨道 1 中的 01.mov 素材上，为 01.mov 素材添加"RGB 曲线"滤镜特效。在"特效控制台"选项卡中调整"RGB 曲线"特效参数如图 14-10 所示。

图 14-9

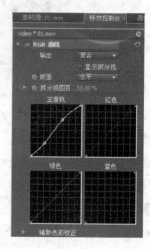

图 14-10

步骤 10 新建彩色蒙板

在菜单中选择"文件"→"新建"→"彩色蒙板"选项,新建一个彩色蒙板,在弹出的"新建彩色蒙板"对话框中设置参数如图 14-11 所示,单击"确定"按钮。在弹出的颜色对话框中选择白色,单击"确定"按钮。弹出"选择名称"对话框,在对话框中设置名称为 tiaowen,单击"确定"按钮,如图 14-12 所示。

图 14-11

图 14-12

步骤 11 编辑 tiaowen 蒙板,添加视频特效

在项目窗口中选择 tiaowen 素材,拖曳到当前时间线编辑窗口视频轨道 1 中,调整播放长度为 5 秒。在"特效控制台"选项卡中展开透明度参数选项,调整透明度为 50.0%,混合模式为"叠加"。

选择视频轨道 1 中的素材 tiaowen,在效果窗口中选择"视频特效"→"键控"→"4 点无用信号遮罩"选项,拖曳到轨道 1 中 tiaowen 素材上,为其添加"4 点无用信号遮罩"。在特效窗口中展开"4 点无用信号遮罩"参数,调整上左为"345.0,0.0",上右为"375.0,0.0",下右为"375.0,375.0",下左为"345.0,375.0",如图 14-13 所示。

图 14-13

选择视频轨道 2 中的 tiaowen 素材,执行复制、粘贴命令,分别粘贴到视频轨道 3 至视频轨道 6 中,如图 14-14 所示。

图 14-14

步骤 12 创建关键帧动画

选择视频轨道 2 中的素材 tiaowen,在时间指针 0 帧的位置,在"特效控制台"选项卡中单击"运动"→"位置"前的时间码按钮 添加位置关键帧,位置为"25.0,288.0";在时间指针 15 帧的位置添加关键帧,位置为"120.0,288.0";在时间指针 1 秒的位置添加关键帧,位

数字多媒体技术基础

置为"102.0,288.0";在时间指针 1 秒 16 帧的位置添加关键帧,位置为"200.0,288.0";在时间指针 2 秒 5 帧的位置添加关键帧,位置为"110.0,288.0";在时间指针 3 秒的位置添加关键帧,位置为"0.0,288.0";在时间指针 3 秒 19 帧的位置添加关键帧,位置为"360.0,288.0";在时间指针 4 秒 10 帧的位置添加关键帧,位置为"285.0,288.0";在时间指针 5 秒的位置添加关键帧,位置为"254.0,288.0",如图 14-15 所示。

图　14-15

用同样的方法,选择视频轨道 3、视频轨道 4、视频轨道 5、视频轨道 6 中的素材 tiaowen,随机地添加位置关键帧和调整数值,使它们随机地左右晃动。

步骤 13　新建序列文件

在菜单中选择"文件"→"新建"→"序列"选项(快捷键 Ctrl+N),在弹出的"新建序列"对话框中设置"序列名称"为 zhankai-01,在"常规"选项卡中设置参数如图 14-16 所示。

图　14-16

步骤 14　新建轨道

在轨道上右击,在弹出的对话框中选择"添加轨道"选项,弹出"添加视音轨"对话框,在"视频轨"选项组中选择添加 5 条视频轨,如图 14-17 所示。

步骤 15　编辑素材

在项目窗口中选择"上/01.psd"、"下/01.psd"、"线条-上/01.psd"、"线条-下/01.psd"、"都市生活/01.psd"和 wenzi01,将它们分别拖曳到当前时间线编辑窗口的视频轨道 1 至视频轨道 6 中。

选择视频轨道 1 和视频轨道 2 中的"上/01.psd"和"下/01.psd"素材,调整播放长度为 7 秒。

选择视频轨道 5 中的 wenzi01 序列文件素材,调整播放长度为 2 秒 10 帧。选择"效果"窗口的"视频转换"→"展开"→"伸展"选项,单击该视频特效,将其拖曳至 wenzi01 的入点处放开。然后按住鼠标左键拖动该特效的出点,往左拉动,使该特效时间变快。

选择视频轨道 3 和视频轨道 4 中的"线条-上/01.psd"和"线条-下/01.psd"素材,整体往后移动,使其开始点的位置位于 2 秒 10 帧处。

选择视频轨道 6 中的"都市生活/01.psd"素材,在特效窗口中调整缩放比例为 55.0,复制视频轨道 6 中的"都市生活/01.psd"素材,分别粘贴到视频轨道 7 和视频轨道 8 中;选择视频轨道 6、视频轨道 7 和视频轨道 8 中的素材,整体往后移到 2 秒 10 帧的位置,使其开始点的位置位于 2 秒 10 帧处。整体排列如图 14-18 所示。

图　14-17

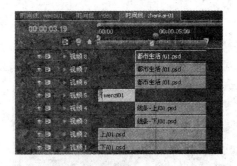

图　14-18

步骤 16　添加视频特效,创建关键帧动画

选择视频轨道 1 中的"下/01.psd"素材,在效果窗口中选择"视频特效"→"色彩校正"→"亮度曲线"选项,拖曳到视频轨道 1 中的素材上,为"下/01.psd"素材添加"亮度曲线"滤镜特效,在特效窗口中调整"亮度曲线"滤镜特效参数如图 14-19 所示。

复制视频轨道 1 中"下/01.psd"素材上的"亮度曲线"滤镜特效,粘贴到视频轨道 2 中"上/01.psd"素材上,为"上/01.psd"素材添加"亮度曲线"滤镜特效。

选择视频轨道 1 中的"下/01.psd"素材,在时间指针 2 秒 10 帧的位置,在"特效控制台"选项卡中单击"运动"→"位置"前的时间码按钮 📷 添加位置关键帧,位置为"360.0,287.0";在时间指针 2 秒 19 帧的位置添加关键帧,位置为"360.0,426.0",如图 14-20 所示。

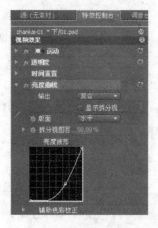

图　14-19　　　　　　　　　　　　　　　　　图　14-20

　　选择视频轨道 2 中的"上/01. psd"素材,在时间指针 2 秒 10 帧的位置,在"特效控制台"选项卡中单击"运动"→"位置"前的时间码按钮 添加位置关键帧,位置为"360.0,288.0";在时间指针 2 秒 19 帧的位置添加关键帧,位置为"360.0,160.0",如图 14-21 所示。

　　复制视频轨道 1 中"下/01. psd"素材上的位置关键帧,粘贴到视频轨道 3 中"线条-下/01. psd"素材上,为"线条-下/01. psd"素材添加位置关键帧。

　　复制视频轨道 2 中"上/01. psd"素材上的位置关键帧,粘贴到视频轨道 4 中"线条-上/01. psd"素材上,为"线条-上/01. psd"素材添加位置关键帧。

　　选择视频轨道 5 中的 wenzi01 序列文件,在时间指针 1 秒 22 帧的位置,在"特效控制台"选项卡中展开"运动"属性,去掉选中等比缩放复选项;单击"缩放高度"前的时间码按钮 添加关键帧,设置缩放高度为 100.0;在时间指针 2 秒 7 帧的位置添加关键帧,设置缩放高度为 0.0,如图 14-22 所示。

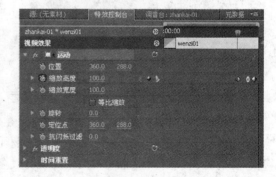

图　14-21　　　　　　　　　　　　　　　　　图　14-22

　　选择视频轨道 6 中"都市生活/01. psd"素材,在时间指针 2 秒 19 帧的位置,在"特效控制台"选项卡中单击"运动"→"位置"和"透明度"前的时间码按钮 添加关键帧,位置为"632.0,446.0",透明度为 0.0%;在时间指针 3 秒 15 帧的位置添加关键帧,设置透明度为 100.0％；在时间指针 5 秒的位置添加关键帧，位置为"477.0,446.0"，如图 14-23 所示。

选择视频轨道中"都市生活/01.psd"素材，在时间指针 2 秒 10 帧的位置，在"特效控制台"选项卡中单击"运动"→"位置"前的时间码按钮 添加关键帧，位置为"－260.0,50.0"；在时间指针 2 秒 19 帧的位置添加关键帧，位置为"360.0,50.0"；在时间指针 3 秒 20 帧的位置添加关键帧，位置为"226.0,50.0"；在时间指针 4 秒 19 帧的位置添加关键帧，位置为"366.0,50.0"；在时间指针 5 秒 3 帧的位置添加关键帧，位置为"880.0,50.0"，如图 14-24 所示。

图　14-23

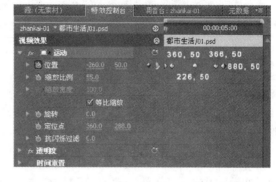
图　14-24

选择视频轨道 7 中"都市生活/01.psd"素材，在效果窗口中选择"预置"→"模糊"→"快速模糊入"选项，拖曳到视频轨道 7 中"都市生活/01.psd"素材上，为其添加"快速模糊入"滤镜特效；用相同的方法为其添加"快速模糊出"滤镜特效。

选择视频轨道 8 中"都市生活/01.psd"素材，在效果窗口中选择"预置"→"模糊"→"快速模糊入"选项，拖曳到视频轨道 8 中"都市生活/01.psd"素材上，为其添加"快速模糊入"滤镜特效。

选择视频轨道 8 中"都市生活/01.psd"素材，在时间指针 4 秒 19 帧的位置，在"特效控制台"选项卡中单击"运动"→"位置"前的时间码按钮 添加位置关键帧，位置为"－260.0,145.0"；在时间指针 5 秒 3 帧的位置添加关键帧，位置为"190.0,145.0"；调整"快速模糊入"的关键帧位置如图 14-25 所示。

步骤 17　新建最后一个序列

在菜单中选择"文件"→"新建"→"序列"选项（快捷键 Ctrl＋N），在弹出的"新建序列"对话框中设置序列名称为 final，在常规中参数设置默认。

步骤 18　合成文件，添加背景音乐

在项目窗口中选择 zhankai-01 和 video 序列文件，拖曳到当前时间线编辑窗口的视频轨道 1 和视频轨道 2 中，选择视频轨道 1 中的 video 序列文件，将时间线移到 2 秒 10 帧的位置，整体往后移动 video 序列文件，使其开始点位于 2 秒 10 帧的位置，如图 14-26 所示。

图　14-25　　　　　　　　　　　　　图　14-26

在项目窗口空白处双击,在弹出的"导入"对话框中选择背景音乐素材 streamsound0.
mp3,单击"打开"按钮,导入到项目窗口中;选择 streamsound0. mp3 素材,拖曳到当前时间
线编辑窗口的视频轨道 1 中,调整播放长度为 7 秒,如图 14-27 所示。

步骤 19　保存预览最终效果

在菜单中选择"文件"→"保存"选项(快捷键 Ctrl＋S),保存文件,按 Enter 或 Space 键
预览最终效果,如图 14-28 所示。

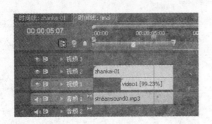

图　14-27　　　　　　　　　　　　　图　14-28

课堂练习

> **任务背景**：在本课中学习了视频编辑的完整过程和滚动字幕的编辑方法,这是音视频编
> 辑的基本过程。
> **任务目标**：请按照本课的教程实例方法,将所拍摄的视频素材进行剪辑,合成一段新的
> 作品。
> **任务要求**：剪辑精细,画面精美,颜色饱和,色彩明亮,音效配置合理。
> **任务提示**：掌握 Premiere 的完整编辑过程,多看多想多做,熟能生巧。

课后思考

（1）镜头的运动方式有哪些？

（2）镜头的景别有哪些？

第15课　Premiere CS4 转场介绍

在剪辑影片时，视频素材之间最简单的连接方式是"硬切"，即没有任何转场特效的视频切换。Premiere 的视频转场特效则可以实现两个镜头的特效切换效果，它用于控制两个相邻视频素材的首尾相接，进行视频转换，这种切换效果被称为"软切"。我们在运用摄像机拍摄时也可以利用它的特效功能获得转场效果，但现在常用的方法是用软件制作，这样可以获得无限创意转场，并使转场特效更加方便、简捷。

课堂讲解

任务背景：上节课已经学习了 Premiere 的基本功能和操作方法，这节课继续讲解 Premiere 的转场特效应用。

任务目标：学习掌握 Premiere 的转场特效，熟练应用视频切换效果。

任务分析：勤加练习，熟能生巧，掌握和熟悉常用的视频切换效果。

15.1　如何添加和编辑转场特效

在菜单中选择"窗口"→"效果"选项（快捷键 Shift＋F7）打开"效果"窗口，在打开的"效果"窗口中分别提供了预置、音频特效、音频过渡、视频特效、视频切换五种特效类型供我们选择，通过单击特效文件夹前面的下三角按钮即可看到下面的转场特效和视频、音频特效，如图 15-1 所示。

（1）转场的添加方法就是选择转场特效，用鼠标拖动转场，直接放置到两个素材中间。此时，两个素材中间会出现转场标志，如图 15-2 所示。

（2）如果对已经加入的视频不满意，在时间线编辑窗口中选择已经加入的视频转场，按 Delete 键即可删除，也可以在选中的视频转场上右击，在弹出的对话框中选择"清除"选项即可删除选择的视频转场特效。

图　15-1

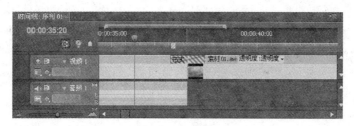

图　15-2

（3）转场设置是在时间线编辑窗口中，选择所需要编辑的转场特效，在选中的转场特效上双击，打开"特效"窗口，在"特效控制台"选项卡中设置转场特效参数值，可以调整转场特效的持续时间、对齐方式、开始和结束点、显示实际来源和反转等转场特效参数，如图 15-3 所示。

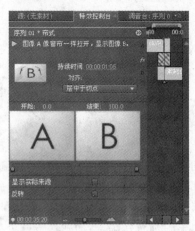

在"特效控制台"选项卡中，可对切换效果做进一步的设置，默认情况下切换都是从 A 到 B，要改变切换的开始和结束状态，可直接在"开始"和"结束"后面输入确切的数值或者拖动"开始"和"结束"滑块来改变开始和结束的状态。也可按住 Shift 键并拖动滑条使开始和结束滑条以相同的数值变化。

选择"显示真实来源"选项，在"开始"和"结束"窗口中显示切换的开始和结束切换效果，如图 15-4 所示。

图　15-3

图　15-4

选择"反转"选项，可以改变切换的顺序，由 A 至 B 的切换改变为由 B 至 A 的切换。

在"特效控制台"选项卡中，单击切换特效窗口上方的 ▶ 按钮，可以在小视频窗口中预览切换效果。在"持续时间"栏中可以输入切换的持续时间，这和拖动切换边缘改变切换长度是相同的。

相对于不同的切换，有不同的切换参数设置，这些参数将在后面的应用中，根据不同的切换特效进行具体的讲解。

15.2　常用转场特效介绍

Premiere CS4 中提供了多种视频转场特效，其中包括 3D 运动、GPU 过渡、伸展、划像、卷页、叠化、擦除、滑动和缩放等 11 类视频转场特效。

1. 3D 运动

3D 运动转场特效包含了所有的三维运动效果的切换，其中包括向上折叠、帘式、摆入、摆出、旋转、旋转离开、立方体旋转、筋斗过渡、翻转和门 10 个三维运动效果的场景切换。

如翻转特效，是影像 A 翻转到影像 B 的特效过渡，如图 15-5 所示。

2. GPU 过渡

GPU 过渡视频切换中提供了中心剥落、卡片翻转、卷页、球体和页面滚动 5 个视频切换场景。如页面滚动特效，是使影像 A 从左到右滚动，显示出影像 B 的特效过渡，如图 15-6 所示。

图　15-5

图　15-6

3. 伸展

伸展视频切换中提供了交叉伸展、伸展、伸展覆盖和伸展进入 4 个视频切换场景。如交叉伸展特效,是使影像 A 逐渐被影像 B 平行挤压替代的切换过渡,如图 15-7 所示。

图　15-7

4. 划像

划像视频切换特效中提供了划像交叉、划像形状、圆划像、星形划像、点划像、盒形划像和菱形划像 7 个视频切换场景特效。

如圆划像特效,是使影像 B 呈圆形从影像 A 中展开的切换场景特效过渡,如图 15-8 所示。

5. 卷页

卷页视频切换特效中提供了中心剥落、剥开背面、卷走、翻页和页面剥落 5 个视频切换场景特效。

图　15-8

如翻页特效,是使影像 A 像书页一样被翻面卷起,显示出影像 B 的切换场景过渡,如图 15-9 所示。

图　15-9

6. 叠化

叠化视频切换特效中提供了交叉叠化(标准)、抖动溶解、无叠加溶解、白场过渡、附加叠化、随机反相和黑场过渡 7 个视频切换场景特效。

如交叉叠化(标准)特效,是使影像 A 逐渐淡化,显示出影像 B 的切换场景过渡(如图 15-10 所示)。在支持 Premiere CS4 的双通道视频卡上,该切换可以实现实时播放。

图　15-10

如附加叠加特效,是使影像 A 和影像 B 的亮度叠加相消融,显示出影像 B 的切换场景过渡,如图 15-11 所示。

7. 擦除

擦除视频切换特效中提供了双侧平推门、带状擦除、径向划变、插入、擦除、时钟式划变、

图　15-11

棋盘、棋盘划变、楔形划变、水波块、油漆飞溅、渐变擦除、螺旋框、软百叶窗、随机划变、随机块和风车 17 个切换场景特效。

　　如双侧平推门特效，是使影像 A 以开、关门的方式过渡转换到影像 B 的切换场景过渡，如图 15-12 所示。

图　15-12

　　如渐变擦除特效。应用该特效后，会弹出"渐变擦除设置"对话框，单击"选择图像"按钮，可以选择要替换灰度的图像，在"柔和度"文本框中可以设置切换的柔和度，如图 15-13 所示。

图　15-13

　　渐变擦除视频切换场景特效可以用一张灰度图像制作渐变切换。在渐变切换中，图像 B 充满灰度图像的黑色区域，然后通过每一个灰度级开始显示进行切换，直到白色区域完全透明，如图 15-14 所示。

图　15-14

数字多媒体技术基础

8. 滑动

滑动视频切换特效中提供了中心合并、中心拆分、互换、多旋转、带状滑动、拆分、推、斜线滑动、滑动、滑动带、滑动框和漩涡12个切换场景特效。

如互换特效，是使影像B从影像A的后方转向前方覆盖影像A的切换过渡，如图15-15所示。

图 15-15

如漩涡特效，是使影像B打破分为若干小方块从影像A中旋转而出的切换特效过渡（如图15-16所示）。在漩涡切换特效设置窗口中单击下方的"自定义"按钮，在弹出的"漩涡设置"对话框中可以设置方块的水平和垂直数量，以及旋转比率。

图 15-16

9. 缩放

缩放视频切换特效中提供了交叉缩放、缩放、缩放拖尾和缩放框4个切换场景特效。

如缩放拖尾特效，是使影像A逐渐缩小并带有拖尾消失，显示出影像B的切换场景过渡，如图15-17所示。

图 15-17

课堂练习

任务背景：本课详细讲解了 Premiere 的转场特效功能，通过转场特效的学习，可以为以后的视频创作提供更多的帮助。

任务目标：请按照本课的教程方法，熟悉并记住常用的转场特效属性，记住它们的位置。

任务要求：能记住常用的转场特效，记住它们的位置，并能熟练运用到自己的创作中去。

任务提示：搜集素材，多看多想多做，熟练掌握方能信手拈来。

课后思考

（1）Premiere 有哪些外挂插件？

（2）请用 Premiere 的转场特效制作你的照片影集。

第16课　实例影像制作——旅游影集

通过上节课的学习，掌握了 Premiere 转场特效的应用，Premiere 提供了近百种视频切换特效，而且添加特效的方法也非常简便。

在这节课，将利用上节课所学的知识来进行实际操作，通过一个完整的案例制作过程，进一步加深 Premiere 的转场应用。

课堂讲解

任务背景：如果你陪同家人或者朋友出去旅游一趟，一定拍了不少照片或者影像素材吧，今天我们将用这些素材来制作一个影集合成。

任务目标：将拍摄的影像素材，合理地利用 Premiere 的转场功能，将它们进行合成。

任务分析：掌握常用的视频切换效果，记住它们的位置和属性设置方法，熟能生巧。

步骤1　编辑照片素材

启动 Photoshop 软件，将所拍摄的素材逐张打开，进行裁切、修剪、颜色调整等，并为每张照片添加宽度为 10 像素的描边，如图 16-1 所示。

将每张图片另存为 JPG 格式并命名，素材就制作好了。

图　16-1

数字多媒体技术基础

步骤 2　导入素材和管理素材

启动 Premiere CS4 软件，在"新建项目"窗口设置位置和名称，单击"确定"按钮，在新建序列窗口里选择"DV-PAL"→"标准 48kHz"选项，单击"确定"按钮。

此时，进入到软件主界面。双击项目窗口空白处，在弹出的导入窗口中选择素材中所有编辑好的图片，单击"打开"按钮，并再次将素材中的背景音乐"节奏 jazz"和背景素材 bg 文件夹下的序列图片导入到项目窗口。导入序列背景图片的时候，需要选中"导入"窗口下方的"已编号静帧图像"复选框，这样导入的序列图像将自动组成为动态影像文件。在项目窗口中单击"新建文件夹"图标按钮，创建文件夹，将素材拖放到不同的文件夹中进行分类，方便管理，如图 16-2 所示。

图　16-2

步骤 3　编辑背景素材

在项目窗口中将背景素材 bg 拖入到时间线轨道 1 上，将"速度持续时间"修改为 50％，即速度变慢了。

选择"视频特效"→"通道"→"反相"选项，将特效拖曳至素材上释放，在"特效控制台"选项卡中，"通道"改为"色相"，"与原始图"修改为 0％，如图 16-3 所示。

图　16-3

选择素材，将素材复制，并粘贴足够多的素材在轨道 1 上，使它们紧紧排列在一起，保证在整段视频中有足够长的背景。将背景音乐"节奏 jazz"从项目窗口拖放到时间线上的音频轨道 1 上放置，如图 16-4 所示。

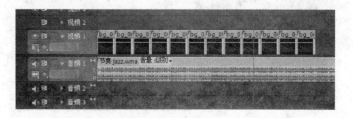

图　16-4

步骤 4　编辑所有图片素材的动画效果

在项目窗口选择所有编辑好的图片素材,全部拖曳至时间线面板的视频轨道 2 上,此时所有的图片素材将按顺序排列在视频轨道 2 上,并且每张都紧紧挨在一起,如图 16-5 所示。

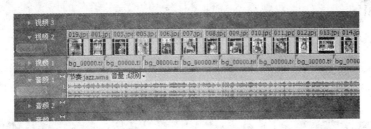

图　16-5

在"效果"窗口里,展开"预置"→"模糊"特效,将"快速模糊入"和"快速模糊出"特效拖曳到视频轨道 2 的第 1 张图片上释放。将"快速模糊入"特效拖曳至第 2 张图片上释放。此外,可以在特效控制窗口中设置它们的动画属性,在这里,默认即可,如图 16-6 所示。

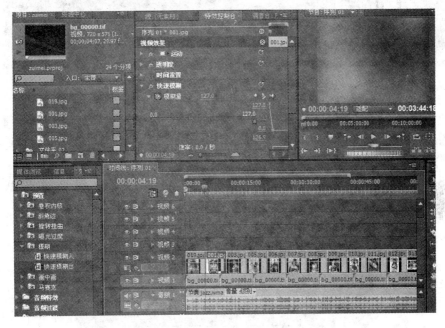

图　16-6

选择第 1 张素材图片,展开"特效控制台"→"运动"特效,将当前时间指针停留在第 1 帧处,单击"缩放比例"前的"激活关键帧"按钮,添加关键帧;将当前时间指针停留在第 1 张素材图片的最后一帧,鼠标在"缩放比例"后的数值上向右拖动,将图片适当放大。此时会自动增加一个关键帧,那么第 1 张图片的动画效果就做好了。

选择第 2 张图片,同样展开"特效控制台"→"运动"特效,将当前时间指针停留在第 2 张图片的第 1 帧处,单击"缩放比例"前的"激活关键帧"按钮,添加关键帧;将当前时间指针停留在第 2 张素材图片的最后一帧,鼠标在"缩放比例"后的数值上向右拖动,将图片适当放大一点。

　　依照这种方法,将此后的图片都做缩放动画效果,这是模拟镜头运动中的"推镜头"动画效果。

　　因为动画效果太雷同了,容易造成审美疲劳,所以,后面的图片要换一种运动方式。

　　修改倒数第 4 张图片的动画效果。将图片停留在第 4 张图的第 1 帧,展开"特效控制台"的"运动"特效,将"旋转数值"修改为－30 度;在此后的第 8 帧处,添加"缩放比例"关键帧,将数值调整为 40％,将"缩放比例"的最后一个关键帧删除。在当前时间指针位置,单击"位置"前的"添加关键帧"按钮,添加关键帧,在此后的第 8 帧处,修改位置属性,使该图片位于屏幕画面的最左侧,如图 16-7 所示。

图　16-7

　　依照这种方法,将后面的 3 张图也做类似效果,使图片随意倾斜放置在画面位置上。分别选择后面 3 张图片,将它们依次排列到视频轨道 3、视频轨道 4、视频轨道 5 上(如果轨道不足,可在轨道上右击,在弹出的快捷菜单中选择"添加轨道"选项),将它们的画面长度拉长一致。

　　将多余的视频用剃刀工具剔除。导入素材中的 CAMERA 音效,拖曳至轨道中,分别与最后 4 张图片的开始位置排列整齐,如图 16-8 所示。

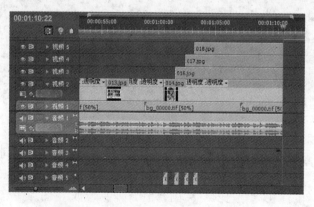

图　16-8

步骤 5　添加视频切换效果

　　在"效果"窗口中展开"视频切换"特效,选择"叠化"→"交叉叠化"选项,将此效果拖曳至第 2 张和第 3 张图片之间释放。

选择"卷页"→"翻页"选项,将此效果拖曳至第3张和第4张图片之间释放。

选择"缩放"→"交叉缩放"选项,将此效果拖曳至第4张和第5张图片之间释放。

按照此种方法,一一添加后面的转场效果。

最后,按照前面课程的方法,为作品加上字幕或者信息等。

课堂练习

任务背景:本课学习了一个由照片制作的影像动画案例,详细讲解了静态照片的动画制作过程,这是照片展示的常用方法。

任务目标:请按照本课的教程实例方法,将自己的照片制作成影集。

任务要求:剪辑节奏明快,画面精美,颜色饱和,配音与效果结合良好。

任务提示:掌握常用的视频切换模式,记住它们的位置和使用方法。

课后思考

(1) 举例说明有什么软件可以制作字幕特效。

(2) 请将你的照片制作成一个动态影像作品。

第17课　制作影像DVD光盘——我的影像作品

储存在计算机中的比较大的文件,往往不方便传播。即使目前有网络硬盘,那也是有存储时间限制的,不是长久之计。当需要将大文件分发出去共享时,就需要用刻录机来制作DVD光盘。

课堂讲解

任务背景:DVD光盘是能将数字多媒体作品随时携带的介质,它能将软件或者数字媒体信息储存起来,并方便传阅。当你做了那么多作品后是不是也想与他人分享呢?

任务目标:掌握DVD光盘的输出方法,将自己的作品与他人分享。

任务分析:学习掌握DVD光盘的输出和刻录方法,掌握Premiere的影片输出方法。

光盘,即高密度光盘(Compact Disc),是近代发展起来不同于磁性载体的光学存储介质,用聚焦的氢离子激光束处理记录介质的方法存储和再生信息,又称激光光盘。

由于软盘的容量太小,光盘凭借大容量得以广泛使用。我们听的CD是一种光盘,看的VCD、DVD也是一种光盘。现在一般的硬盘容量在3GB～3TB,软盘已经基本被淘汰,CD光盘的最大容量大约是700MB,DVD盘片单面4.7GB,最多能刻录约4.38GB的数据(因为DVD的1GB=1000MB,而硬盘的1GB=1024MB),蓝光(BD)的容量则比较大,其中HD DVD单面单层15GB、双层30GB;BD单面单层25GB、双面50GB。

DVD光盘一般适合于制作较大的文件,当文件超过700MB时,CD光盘就存储不了了,此时可以用DVD光盘来存储。本例中,将用上节课的制作文件作为素材,来讲解Premiere的输出和DVD光盘的制作。

数字多媒体技术基础

步骤 1　设置工作区域栏

打开上节课做的 Premiere 文件,在"时间线"面板上调整工作区域栏,使工作区域栏的结束点与视频文件的结束点对齐,如图 17-1 所示。

步骤 2　将影像文件输出

选择"文件"→"导出"→"媒体"选项,在弹出的"导出设置"窗口中,设置格式为 Microsoft AVI,预置为 PAL DV,选中"导出视频"和"导出音频"复选框。在"视频"选项卡中,设置品质为 100,其他属性默认即可,单击"确定"按钮,如图 17-2 所示。

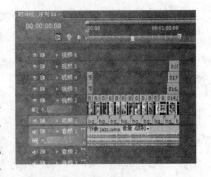

图　17-1

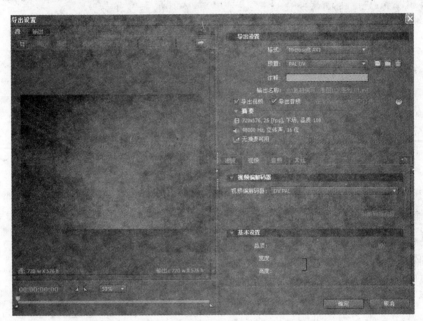

图　17-2

步骤 3　在 Adobe Media Encoder CS4 中设置属性,并输出影像文件

此时系统会自动打开 Adobe Media Encoder CS4 软件,这是 Premiere CS4 的新功能,即将输出和制作分开了,在输出的同时,不会影响 Premiere CS4 的操作。

在窗口中的 Format 栏里可以再次设置输出格式;在 Output 栏里设置导出影像文件的路径,单击 Start Queue 按钮进行渲染,此时,在进度条里可以看到当前渲染的状态,如图 17-3 所示。

步骤 4　启动 WinAVI 软件

在制作 DVD 光盘前,需要准备软件 WinAVI,这是个很小的压缩软件,比较常用。在素材里打开 winavi 文件夹,双击 winavi.exe 文件,启动 WinAVI 软件,在弹出的界面中单击 DVD 按钮,如图 17-4 所示。

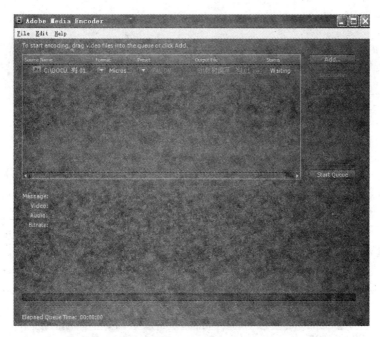

图　17-3

图　17-4

步骤5　设置输出属性进行输出

在弹出的"输入影像"窗口中,选择渲染好的影像文件,单击"打开"按钮,然后在新的小窗口中设置"输出目录",单击输出格式右侧的"高级"按钮,在弹出的"高级选项"窗口中进行设置,"DVD编码器"栏里设置参数如图17-5所示。

在"调整"栏里设置,一般默认即可,如图17-6所示。

设置好后单击"确定"按钮,回到输出窗口,再次单击"确定"按钮,进行输出,稍等片刻就输出好了,如图17-7所示。

在输出的路径里可以看到输出了两个文件夹,这两个文件夹就是将要刻录到DVD光盘里的文件,如图17-8所示。

数字多媒体技术基础

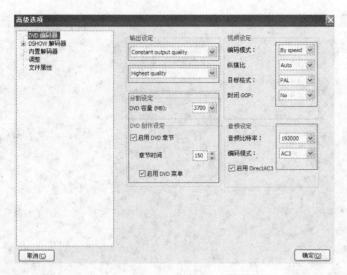

图 17-5

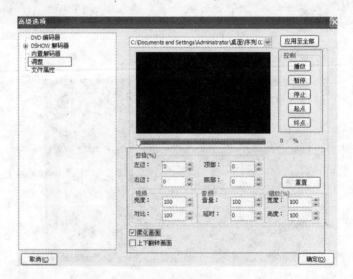

图 17-6

图 17-7

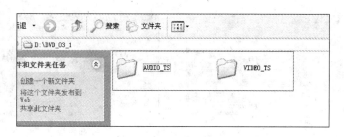

图　17-8

步骤6　刻录光盘

　　将 WinAVI 软件关闭。确认计算机中安装了 DVD 刻录机后,将准备好的 DVD 光盘插入到光驱中,启动 Nero 软件。

　　放入空白光盘后,刻录机会自动识别,通常会默认为"创建您自己的光盘",可以直接默认,进入下一个界面再选择"制作数据光盘"选项,也可以直接选择"制作数据光盘"选项,如图 17-9 所示。

　　刻录光盘的软件不少,在这里使用 Nero Burning Rom 工具来制作 DVD 数据光盘。依次选择"开始"→"程序"→Nero—Nero StartSmart 选项,在这里将会以向导的方式来引导我们制作各种 DVD 光盘。

　　软件启动后,单击主界面右上方的 DVD 按钮,这样会出现一排 5 个功能按钮,单击其中的"数据"按钮,如图 17-10 所示。

图　17-9

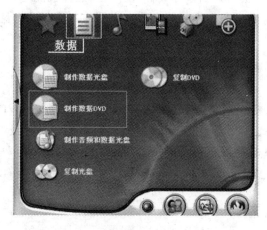

图　17-10

　　这样在其下方将显示"制作数据 DVD"选项,选择该项进入光盘内容添加窗口,单击右侧的"添加"按钮,在打开的窗口中选择要添加的源文件或源文件夹,这里选择刚才输出的两个文件夹,待添加完毕后单击"已完成"按钮,如图 17-11 所示。

　　单击"刻录"按钮,即可打开"刻录选项"窗口,如图 17-12 所示。

　　如果有多台刻录机,可以在"当前刻录机"选项中进行选择,然后在"光盘名称"中给光盘起一个名称。在"写入速度"下拉列表中设定一个合适的速度,$1\times=150KB/s$,$8\times$的速度相当于计算机每秒向刻录机传输 $8\times150=1200KB$ 的数据。

数字多媒体技术基础

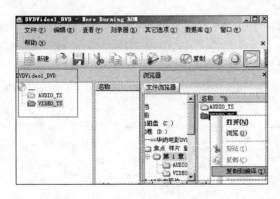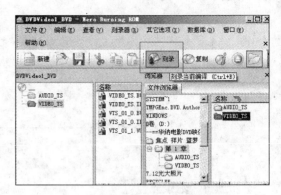

图 17-11　　　　　　　　　　　　　　　　图 17-12

　　刻录软件提供多种速度进行刻录,那是不是速度越快越好呢? 当然不是。刻录速度不仅和软件有关,和刻录机以及盘片的品质也有很大的关系。一般刻录机都会在机身上标识出最大刻录速度,盘片也是如此。在盘片放入刻录机后,刻录机会自动读取盘片信息以确定最大刻录速度,我们在选择刻录速度时也要注意这一点。而有些劣质盘片往往不能达到标称的速度,所以为了稳妥起见,不要以最高速度进行刻录。此外刻录不同光盘对速度也有不同要求,例如在进行 MP3 光盘等音频光盘刻录时,应尽量采用低速写入方式刻录,否则光盘中的音乐文件可能会出现"暴音"的现象。

　　如果所刻录的数据远远小于光盘的容量,并且希望下次继续利用好这些剩余的空间可以选中"允许以后添加文件"复选框,这样就能对一张光盘进行多次刻录,如果不选中"允许以后添加文件",系统将会按一次写入方式刻录光盘,以后将无法再向光盘中添加文件。

　　设置好后单击"刻录"按钮即光盘进行刻录了。

课堂练习

任务背景:本课中学习了 Premiere 的输出和 DVD 光盘制作和刻录的完整过程。

任务目标:请将自己的影像作品进行输出并做成 DVD 光盘。

任务要求:输出质量完好,刻录步骤正确,DVD 光盘作品完整。

任务提示:掌握 Premiere 的完整输出过程和 DVD 光盘的制作和刻录方法。

课后思考

(1) 请将你的大文件影像作品用 WinAVI 软件进行压缩。

(2) 你还知道其他的光盘刻录软件吗?

第4章

交互数字多媒体的制作与应用

第18课 交互数字多媒体的应用

　　交互性是数字媒体的一个重要特点,媒体信息数字化使媒体信息在传播中的交互性更容易实现。随着计算机互联网速度的提高,软件技术的不断发展,更多丰富的媒体表现形式将不断引入到数字媒体的传播中。交互性的交互形式和功能也日趋丰富,如经常在网络上看见的 Flash 小游戏,多媒体互动展示台和网络广告等。

　　数字媒体的应用在生活中是丰富的,虚拟现实、动画漫游、交互式网页和网页游戏都是生活中交互媒体的表现。数字媒体艺术家或设计师通过不断创作和尝试新的技术和形式,为人们的生活提供了多姿多彩的数字媒体作品。

课堂讲解

> **任务背景**:互联网的飞速发展为数字媒体的交互性提供了更多的可能,我们也在交互中得到了自己需要的数据和资源。
> **任务目标**:会制作简单的各种形式的交互数字多媒体。
> **任务分析**:(1) Flash 中 AS 语言的应用。
> 　　　　　　(2) 交互式程序设计的基础知识。

18.1 多媒体互动宣传

　　多媒体的互动性是网络宣传的巨大优势,它没有像传统的电视电影那样空洞地按照固定的思维展示产品和信息。具备强大交互功能的数字多媒体作为数字媒体时代新的宣传工具,通过互联网和软件以计算机为载体来传播,可以更好地宣传产品,给顾客以人性化、自由度的广告宣传体验。

　　现在的互动媒体宣传方式有以下几种。

　　(1) Flash 交互广告宣传,主要以网络传播为主。Flash 作为网络主流动画和广告的制作软件,以其体积小,制作方便,交互性强等特点成为网页广告的主流广告宣传方式,中文领先在线媒体新浪网站的首页如图 18-1 所示。

　　(2) 视频与虚拟现实广告宣传。交互性传播需要文件可以快速地反应并且具有交互能力,传统视频与虚拟现实本身是一个非常大的文件并且其交互性较弱。在数字媒体中,通过互联网的支持,可以将视频和虚拟现实以压缩和重新整合嵌套在网页和多媒体格式中,不仅

数字多媒体技术基础

图　18-1

使其具备了更好的宣传效果,而且还可以通过互联网的互动性与及时性来突破传统的形式,走向数字媒体化。如数字三维地图的出现,可以更加具体地为大家导航;网页视频的大量应用可以充分了解它的关注度;还有汽车门户网站为其制作的汽车展示台,TOYOTA 中文网站如图 18-2 所示。

（3）动画的发展,所兴起的新的互动宣传。以Flash 为代表的网络数字动画采用最新的软件和互联网技术,依靠互联网的交互能力,以动画形式生动地展示和宣传我们要表达的内容。图 18-3 所示为华氏兄弟网站（http://www. cgtow. com）的Flash 动画页面。

图　18-2

图　18-3

伴随着互联网与数字化技术的飞速发展。在以智能化、人性化和信息化为主导的未来社会里,交互数字多媒体将成为主流的媒体形式。数字多媒体宣传的种类和样式也会为数字媒体艺术家或设计师提供更大的发展空间和创作领域。

18.2　Flash 小游戏

Flash 游戏作为网络时代新的游戏形式,以其操作简单,文件较小,游戏过程流畅等优点正在日益受到大家的青睐和认可,对创作者和使用者的门槛都很低,使它迅速在网络上制作和传播，国内涌现出了许多专门的 Flash 小游戏网站，如 3839 在线小游戏网，如图 18-4 所示。

图　18-4

国外也有很多 Flash 小游戏，不仅设计很有个性，而且游戏的趣味性也很足，值得玩味。

18.3　虚拟现实

我们经常在电视上、网上和娱乐场所看见一些虚拟楼盘的数字广告、室内装潢虚拟效果和电子虚拟游戏等接近现实的虚拟环境。这种技术就是虚拟现实（Virtual Reality，VR），它是近年来出现的高新数字技术，也称灵境技术或人工环境。虚拟现实作为一项综合集成技术，涉及计算机图形学、人机交互技术、传感技术、人工智能等领域，它用计算机生成逼真的三维视、听、嗅等感觉，使人作为参与者通过适当的装置，自然地对虚拟世界进行体验和交互作用。当使用者进行位置移动时，计算机可以立即进行复杂的运算，将精确的 3D 世界影像传回产生临场感。该技术集成了计算机图形（CG）技术、计算机仿真技术、人工智能、传感技术、显示技术、网络并行处理技术等，是一种由计算机技术辅助生成的高技术模拟系统。

概括地说，虚拟现实是人们通过计算机对复杂数据进行可视化操作与交互的一种全新方式，与传统的人机界面以及流行的视窗操作相比，虚拟现实在技术思想上有了质的飞跃。

虚拟现实作为数字媒体的一种，除了具备许多数字媒体独有的特点，它自身也有巨大的优势。

（1）多感知性（Multi-Sensory），VR 除了具备传统计算机技术所具有的视觉感知外，还具备在听觉、力觉、触觉、运动甚至味觉和嗅觉的感知，虽然现在的数字技术还无法全部达到理想的效果，但是伴随着传感技术的发展，实现全部的感知并不遥远。

（2）临近感（Immersion），VR 为用户提供了以主角的身份存在于计算机创建的三维虚拟环境中体验真实的感受，理想的虚拟现实可以达到和真实难分真假的程度，全身心地投入虚拟环境中，带来如同进入现实世界一样的感觉。

（3）交互性（Interactivity），VR 使用户对模拟环境内物体的可操作程度和从环境得到反馈的自然程度（包括实时性）进行的真实体验。例如，用户在一个虚拟的城市开车，车的震动、车速和马达声都可以真实地体验到，而周围环境也会按照汽车的车速进行虚拟。

（4）构想力（Imagination），VR 技术应用广泛的可想象和自由设计空间为数字媒体艺术家或设计师提供了一个设计和制作的广阔舞台，也为我们扩展了认知范围，在现实中使我们实现一些想象空间。如电影《魔戒》中的精灵城堡。

随着虚拟现实技术的不断发展，它现在广泛地应用于城市规划、医学研究、娱乐游戏、艺术创作与教育、房地产开发与室内设计、军事模拟与航天开发、虚拟地理和电影电视中，为我们的生活带来更多新的体验与感受，也为科技的发展带来了很多便利。

18.4 动画漫游

"动画漫游"在本文可以理解为"建筑动画虚拟现实漫游技术"。它具体应用在城市规划、建筑设计等领域。近几年，随着科技的更新和信息技术的日新月异，动画漫游已屡见不鲜，在 2010 年上海世博会中就广泛运用了这种技术，让观众得到前所未有的体验。在动画漫游中，人们置身于一个虚拟的三维环境中，用动态交互的方式对未来的建筑或城区进行身临其境的全方位审视。

1. 三维建筑动画漫游

三维建筑动画漫游，是将整个小区环境的规划用三维动画和电影的制作技术共同完成的小区漫游三维动画片。主要表现有小区建筑物的规划如小区主体建筑、生活配套建筑、小区配套设施等；小区环境的规划表现如人物、动物、车辆、假山、亭台、长廊、河流、道路等；小区绿化带的规划如绿化带的面积、绿化带的位置、绿化树种等；小区园林景观的规划如小区公园环境规划、公园的设施规划等，通过三维技术真实还原整个小区的未来景观。它主要应用在城市规划或者小区建设规划中，其主要实现手段是运用三维软件如 3ds Max 等制作摄像机的运动。电影《后天》中毁坏城市的特效镜头就是一种漫游技术，如图 18-5 所示。

图   18-5

2. 房地产虚拟现实

房地产虚拟现实集成了计算机图形学、多媒体、人工智能、多传感器、网络、并行处理等技术的最新发展成果。它以模拟方式为使用者创造了一个实时反映实体对象变化与相互作用的三维图像世界。在视、听、触、嗅等感知行为的逼真体验中，使设计者可以深入探索、参与者可以直接参与虚拟对象在所处环境中的作用和变化，仿佛置身于一个虚拟的世界中，让观众全身心体验另一个世界。甚至在场景中，每个物体都可进行独立的移动、隐藏等编辑操作。动感十足的虚拟现实可刺激用户的购买欲，有助于销售，缩短售房周期。例如，2010上海世博会的官方网站（http：//www.expo2010.cn/）北京馆的虚拟现实游览如图 18-6 所示。

3. 多媒体互动电子书浏览

多媒体互动电子书浏览也是动画漫游的一种形式。这种形式把操作方式更加具体化、

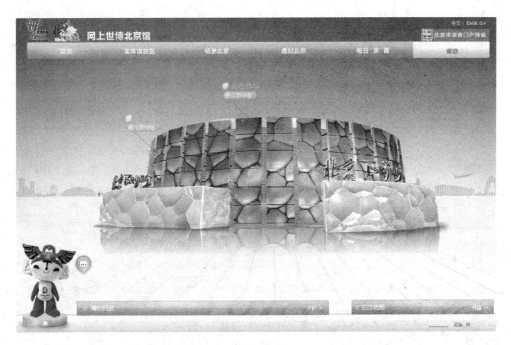

图　18-6

形象化,更加贴近人们生活,使观众更容易理解和操作。因为它比传统的平面书更人性化,所以多媒体电子书让书变得更为鲜活。它可以载入三维动画、影视特效,并通过触摸等互动形式展示给浏览者。电子书将动画、视频、三维全景、图像、音乐、文字等数字资源整合在一个整体中,以图文并茂、生动活泼的动态形式表现出来,有很强的视觉冲击力,能给观者留下深刻印象,使人们可以任意浏览精彩画面、尽情感觉视听享受,如图 18-7 所示。

图　18-7

课堂练习

任务背景:交互动画和虚拟现实等的实现,为人类提供了人机交互的可能性,我们可以借助软件实现多种交互多媒体效果,为我们的生活所用。

任务目标:根据本课学习,了解多种交互媒体在生活中的运用,以开阔眼界,并初步了解它们的运作原理。

任务要求:掌握这些交互媒体的原理,以便更好地学习和使用它们,并能在今后的多媒体制作中加以运用。

任务提示:计算机网络科技的日新月异为人类生活提供了无限可能性,还有很多交互性的媒体应用等着我们去发掘。

课 后 思 考

（1）Flash 有哪几种可能的发展方向？

（2）动画漫游可以通过哪些软件实现？

第19课　交互网页制作基础实例——我最喜爱的电影

互联网作为数字媒体的一个重要传播方式，需要大量的交互网页作为信息的载体进行传播，这个载体就是网站。而且这些网站的设计也是五花八门，创意层出不穷，特别是 Web 2.0 的出现，使网络虚拟社区拉近了人们的生活，成为生活中不可缺少的一部分。本课从交互网页制作基础开始来揭开网络生活背后的神秘面纱。

课 堂 讲 解

> **任务背景**：网页作为互联网的基本元素，成为数字媒体的重要传播方式，了解它们的制作方法和基本知识可以为我们以后的学习奠定良好的基础。
>
> **任务目标**：掌握网站建站的步骤和网页设计的基础知识。
>
> **任务分析**：网页设计需要掌握一定的计算机知识和软件操作知识，甚至要掌握一些程序的使用。

学做网页，首先需要了解制作网页的工具，主要包括以下工具。

- 代码编辑工具：如写字本、EditPlus 等，这些工具主要编辑 ASP 等动态网页。当然还需要一些图片处理软件和动画制作软件，如 Photoshop 和其他图像处理软件等。
- Dreamweaver：作为网页三剑客之一，属于专门制作网页的工具，可以自动将网页生成代码，也可以随意在代码和页面中切换，是普通网页制作者的首选工具，界面简单，实用功能比较强大，建议初学者选用。
- Flash：作为网页三剑客之一，属于专门制作动画或者个性交互网站的软件。这个软件为设计人员制作网站提供了强大的功能，它不仅可以制作有意思的网络广告动画，还可以实现非常有意思的互动网站。它是目前应用最广泛的多媒体动画软件，如世界著名时装品牌 CHANEL 网站，就是用 Flash 制作的，如图 19-1 所示。

互联网作为数字媒体的一个重要传播方式，需要大量的交互网页作为信息的载体进行传播，所以说网页是网上的基本文档。了解交互网页制作基础对于下面的学习非常重要。接下来将通过一个完整的实例，讲解整个网站的制作流程。

图　19-1

步骤 1　自定义站点

启动 Dreamweaver CS4 软件，选择"站点"→"新建站点"选项，新建一个"经典海报赏"的站点，如图 19-2 所示。

图 19-2

单击"下一步"按钮,在弹出的窗口中,由于本课没有使用服务器技术,所以选择"否"选项。继续单击"下一步"按钮,选中"编辑我的计算机上的本地副本,完成后再上传到服务器"单选按钮,设置文件保存的路径,如图 19-3 所示。

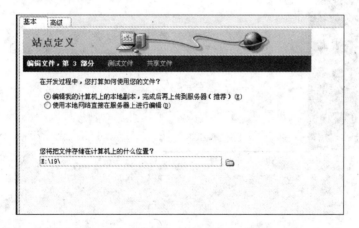

图 19-3

单击"下一步"按钮,在"您如何连接到远程服务器"的下拉列表中选择"本地/网络"选项,选择保存的路径,路径应与上一步的路径一致,如图 19-4 所示。

单击"下一步"按钮,在"是否启用存回合取出文件以确保核你的同事无法同时编辑同一个文件"的选择中,选中"否"单选按钮。这样,整个站点设置就完成了。单击"完成"按钮,站点设置完毕。

步骤 2 首页制作

选择"文件"→"新建"选项,新建一个 index.html 页面作首页,更改网页名称,在菜单栏下方的状态栏中,更改网页名称为"经典海报赏"。也可单击状态栏上的"拆分"按钮拆分编

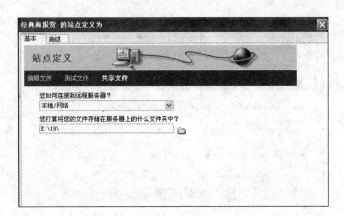

图　19-4

图　19-5

辑窗口。在上方的代码编辑窗口中,修改名称处的代码为"<title 经典海报欣赏/title>"。单击"属性"面板中的"页面属性"按钮,设置背景为黑色,如图 19-5 所示。

　　选择"插入"→"表格"选项,在网页中插入一个 4 行 1 列的表格,表格宽度为 960 像素,如图 19-6 所示。

　　将输入光标定位在表格的第 3 行,选择"插入"→"表格"选项,在表格的第 3 行插入一个 2 行 3 列,宽度为 100%,间距为 10 像素的表格。

　　在表格的第 1 行输入"经典海报赏"字样,在"属性"面板中设置字体为"宋体",颜色为柠檬黄,居中对齐,如图 19-7 所示。

图 19-6

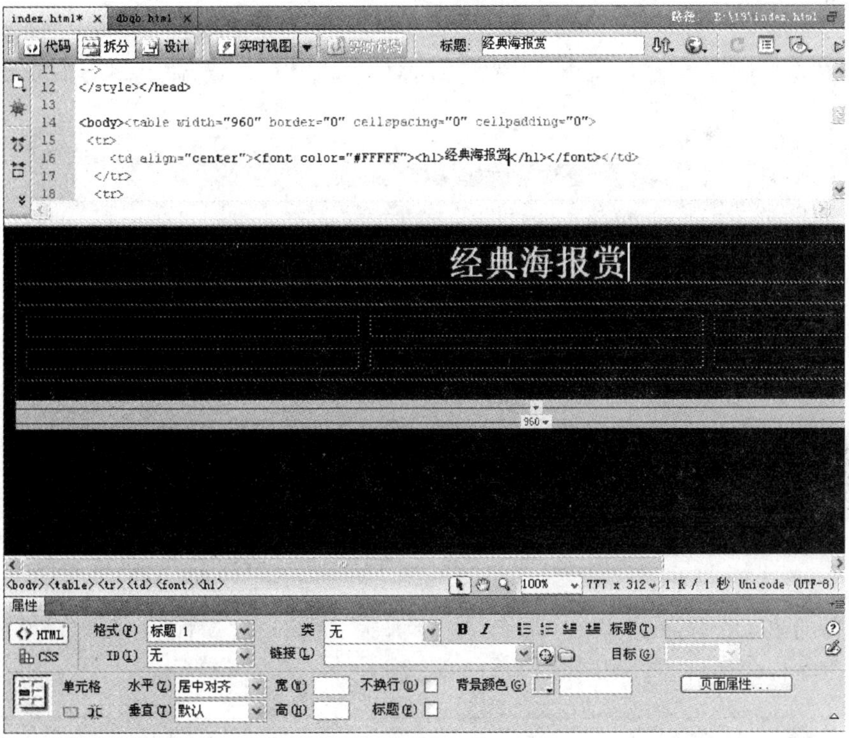

图 19-7

在表格第 3 行中输入影片名称。选择"插入"→"图像"选项,在弹出的窗口中,选择准备好的图像,单击"插入"按钮。注意,请将图像保存在当前站点下的 images 文件夹里(如果站点里没有文件夹,需自行创建一个),并注意调节图片的大小,整个大表格不要超过 960 像素,如图 19-8 所示。

步骤 3 分页制作

选择"文件"→"新建"选项,新建一个 dbqb.html 页面,选择"插入"→"表格"选项,在打开的对话框中创建一个 5 行 1 列,宽度为 960 像素的表格。

图 19-8

选择"修改"→"页面属性"选项,打开"页面属性"对话框,设置背景颜色为黑色,如图 19-9 所示。

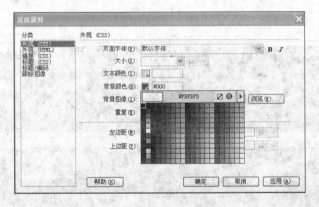

图 19-9

在表格的第 1 行,输入文字"夺宝奇兵电影海报欣赏",在"属性"面板中设置字体颜色, 当然也可以在代码里修改代码,如图 19-10 所示。

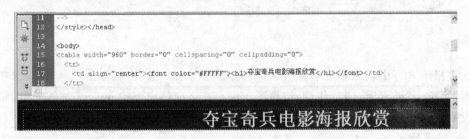

图 19-10

在第 2 行输入"返回首页",字体颜色为白色,居中对齐,选择文字,在"属性"面板中的链 接里,输入 index. html,链接到 index. html 页面。

用同样的方法，将 images 文件夹中的"夺宝奇兵"图片插入到行中，如图 19-11 所示。

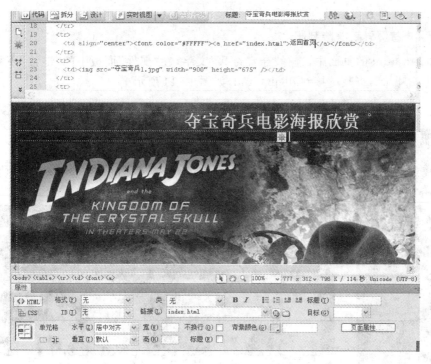

图　19-11

单击状态栏的"拆分"按钮，在代码中找到"＜title＞无标题文档＜/title＞"，更改为
"＜title＞夺宝奇兵电影海报欣赏＜/title＞"，这样，页面的名称就设置好了（如图 19-12 所
示）。按 Ctrl＋S 组合键保存页面，按 F12 键进行页面测试。

图　19-12

数字多媒体技术基础

按照同样的方法制作其他两个页面,制作完成后进行保存和测试,如图 19-13 所示。

步骤 4　首页导航链接制作

在 index.html 的页面中,选择"夺宝奇兵"文字,在"属性"面板中的"链接"下拉列表框中输入 dbqb.html,将其链接到 dbqb.html,如图 19-14 所示。

图　19-13

图　19-14

用同样的方法将剩下的两个对应的页面进行超链接设置,设置完成后按 F12 键进行测试,一个简单的互动网页就设置完成了。

课堂练习

任务背景:学习了交互网页制作基础,我们对网站的制作有了初步的了解,你是不是很想做一个自己的个人主页呢?

任务目标:为自己设计并制作一个个人网站。

任务要求:内容完整,链接无错误,转换自然,设计有个性。

任务提示:如果你掌握了一门图像处理软件,并会一些设计,那么你很快就能得心应手地做个人主页了。

课后思考

(1) 相对路径和绝对路径分别如何解释?

(2) 请用 HTML 语言设计一个简单的页面。

第 20 课 制作Flash多媒体互动课件——计算机发展的历史

Flash 具备很强的交互设计功能,利用它能轻易地制作出交互性课件,对于内容和结构比较简单的交互性课件,用 Flash 软件来实现,可以说是得心应手。Flash 的强大功能和容易上手的操作界面很容易为广大用户所接受,它不仅可以制作互动的多媒体课件还可以制作电视栏目以及动画片等,是当今用户最多的多媒体软件,用它来制作课件或者游戏都是不错的选择。下面通过 Flash 制作一个简单的多媒体互动演示课件。

课 堂 讲 解

任务背景:通过前文的学习,掌握了网页设计和网络广告设计等技能,Flash 互动在网络广告和网页设计中扮演着非常重要的角色。除此之外,它也是制作互动多媒体课件和多媒体动画的常用软件。

任务目标:制作一个 Flash 多媒体课件。

任务分析:Flash 多媒体互动课件的制作需要掌握一定的计算机知识和软件操作知识,甚至要掌握一些程序以及美工基础。

本课通过一组不同时期的计算机图片,来演示计算机的发展历程,通过按钮的控制来演示整个课件。

步骤 1 在 Photoshop 中编辑素材

运行 Photoshop,打开需要编辑的素材图片,如图 20-1 所示。

图 20-1

选择"菜单"→"编辑"→"图像大小"选项,在打开的"图像大小"对话框中更改图像的大小,如图 20-2 所示。

数字多媒体技术基础

步骤 2　保存图片

选择"文件"→"存储为 Web 所用格式"→"GIF"选项，颜色最高为 256 色，更改格式文件为"较小"。

步骤 3　设计一个标题

新建一个文件，大小为宽 200 像素，高 100 像素。选择工具栏上的文字输入工具，输入文字"计算机发展的历史"，在"样式"选项卡中选择如图 20-3 所示的样式，然后保存为"标题.gif"。

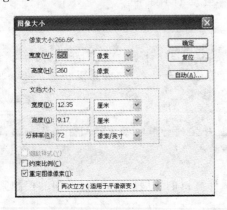

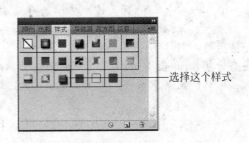

图　20-2　　　　　　　　　　　　　　　图　　20-3

步骤 4　导入素材到 Flash

运行 Flash CS4 软件，选择"文件"→"新建"选项，建立一个新的文档，在"属性"面板将舞台设定宽为 550 像素、高为 420 像素，如图 20-4 所示。

选择"文件"→"导入到库"选项，选择图像素材，单击"打开"按钮，将图像和声音文件导入到库中。

步骤 5　制作背景

制作课件背景。按 Ctrl+F8 组合键，新建一个图形元件，名称为"背景"，单击"确定"按钮，在场景中绘制一个宽为 550 像素、高为 420 像素的白色矩形，在工具栏上选择线条工具和钢笔工具，笔触为红色，绘制一个类似软盘的背景形状，如图 20-5 所示。

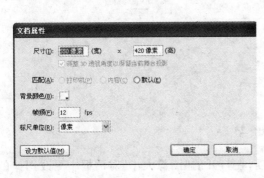

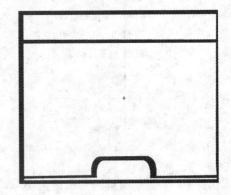

图　20-4　　　　　　　　　　　　　　　图　　20-5

在"混色器"面板中，为主区域填充线性渐变颜色，然后绘制细长矩形。线条为白色，透明度为25%，背景就完成了，如图20-6所示。

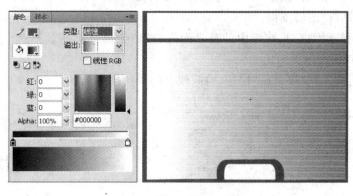

图　20-6

步骤6　制作按钮

按Ctrl+F8组合键，新建一个按钮元件，命名为GO，单击"确定"按钮。按钮元件可以响应鼠标事件，执行指定的动作语言来实现交互效果。

在第1帧（弹起帧），利用绘画工具，绘制一个按钮，在第2帧（指针经过帧）处按F6键插入一个关键帧，并将帧上的深灰色变为黑色。在第3帧（按下帧）处按F6键插入一个关键帧，改变按钮立方体的投影方向，如图20-7所示。

在第4帧（点击帧）处按F5键插入关键帧，定义鼠标相应区域，如图20-8所示。

图　20-7

图　20-8

在"时间线"面板上，单击"新建图层"图标按钮，新建一个图层，在第2帧中按F7键，插入空白关键帧，将库中的anjian的声音拖到场景中，在第3帧处插入空白关键帧，如图20-9所示。

按照上面的步骤，创建一个back按钮元件，效果如图20-10所示。

图　20-9

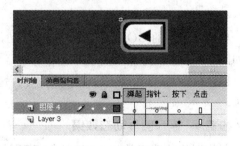

图　20-10

步骤 7   制作背景图层

回到场景 1 中,双击"图层 1",将"图层 1"改名为"计算机",再创建一个"背景"图层,并将其拖放到"计算机"图层下面。

按 F11 键,显示库窗口,将库中的背景元件、按钮元件和标题放到"背景"图层中,调整好位置,如图 20-11 所示。

将计算机图拖入到"计算机"图层,时间线上的关键帧排列如图 20-12 所示。

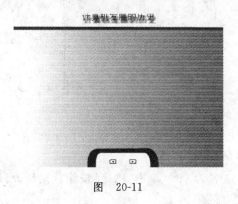

图   20-11

图   20-12

步骤 8   定义课件动作

定义课件元件的动作。在场景中,新建一个"动作"图层,从第 2 帧到第 12 帧分别按 F7 键,插入空白关键帧。在每个关键帧上,再次按 F9 键,在弹出的动作设置窗口中,设置每个关键帧的动作为"stop();",如图 20-13 所示。

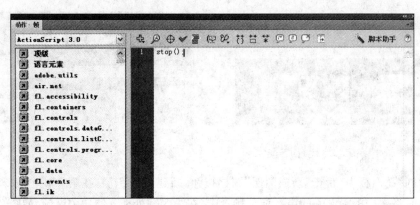

图   20-13

完成后图层显示如图 20-14 所示。

单击场景中的 GO 按钮,按 F9 键,在动作设置中设置如图 20-15 所示的代码。

同样制作 black 按钮,在动作中输入代码,如图 20-16 所示。

步骤 9   制作图片动态效果

制作图片的动态效果。在"计算机"图层中选择图

图   20-14

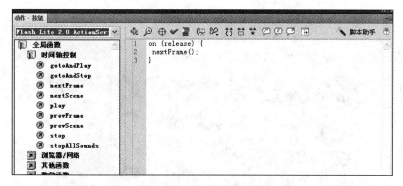

图　20-15

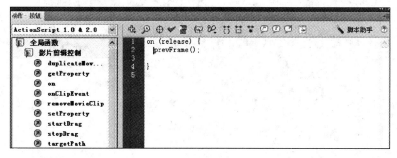

图　20-16

片 jsj01,按 F8 键,将其转换为"影片剪辑"元件。然后,双击该元件,进入元件编辑场景。按 F8 键,将图片转换为 jsj01 图形元件。

在该影片剪辑中,在"图层 1"中选中第 20 帧,按 F6 键,插入一个关键帧。选中第 1 帧,在"属性"面板中选择 "变形"属性,设置百分比为 20%,如图 20-17 所示。

选择第 1 帧的图形元件,在"属性"面板中,选择"色 彩效果"样式下拉列表中的 Alpha 选项,将其数值设置 为 10%,如图 20-18 所示。

图　20-17

选择第 1 帧右击,在弹出的快捷菜单中选择"创建传统补间动画"选项,在"属性"面板中 选择旋转动作,为顺时针 1 次,如图 20-19 所示。

图　20-18　　　　　　　　　　　　　　　　　　图　20-19

数字多媒体技术基础

在"时间轴"面板上,创建一个"文字"图层,选择该层第 21 帧,按 F7 键,插入空白关键帧。在工具栏上选择文本工具,输入说明性的文字内容(如图 20-20 所示)。然后按 F8 键,将其转换为图形元件。在第 26 帧处,按 F6 键插入关键帧。

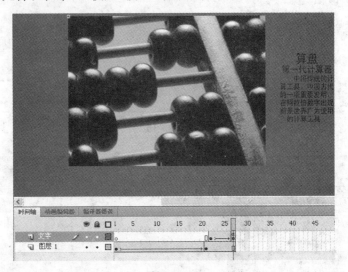

图　20-20

选择第 21 帧上的文本,将其移到舞台右侧,在该帧上右击,在弹出的快捷菜单中选择"创建传统补间动画"选项。选择第 26 帧,按 F9 键,在弹出的动作窗口中,输入动作语言"stop();",使动画在此停止。

按照同样的方法,将后面的 11 张图片和文字也依次制作完成。影片剪辑就做好了,接下来制作简介首页。

步骤 10　制作简介首页

添加简介首页。按 Ctrl+F8 组合键,创建"影片剪辑"元件,设置名称为"首页"。在"首页"的影片剪辑元件场景中,将素材图片从库中拖入并排列。完成效果如图 20-21 所示。

图　20-21

　　在第 135 帧上按 F6 键,插入一个关键帧。在文字图层中的第 65 帧处插入关键帧,将介绍元件往上部移动,在该帧上右击,在弹出的快捷菜单中,选择"传统补间动画"选项,创建一个传统补间动画,使介绍文字向上运动。在第 100 帧处插入关键帧,在第 165 帧处插入关键帧,在第 165 帧中,选择"介绍"元件,在"属性"中设置 Alpha 为 5%,在第 100 帧处右击,在弹出的快捷菜单中选择"创建传统补间动画"选项。

　　在文字图层上部,新建一个"遮罩层",画一个矩形,将文字区域遮罩起来。在遮罩图层上右击,在弹出的快捷菜单中选择"遮罩"选项。

　　创建一个"动作"层,在第 135 帧处插入关键帧,选择第 135 帧,按 F9 键,在弹出的动作窗口中输入"stop();",此时动画结束,效果如图 20-22 所示。

图　20-22

步骤 11　制作完成

　　回到场景 1 中,选中"动作"和"计算机"图层中的所有帧,选中后将它们向右拖动 1 帧,在空出的"计算机"图层的第 1 帧,选择库里的"背景"元件,拖入到场景中来,插入"背景"元件。

　　在"动作"图层中选择第 2 帧右击,在弹出的快捷菜单中选择"复制帧"选项,然后选择第 1 帧,右击选择"粘贴帧"选项,将其粘贴到第 1 帧上,以第 11 帧为背景层插入帧。

　　按 Ctrl+S 组合键,保存文件。按 Ctrl+Enter 组合键进行测试,如图 20-23 所示。

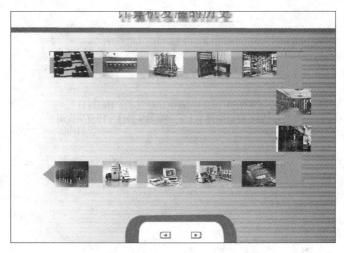

图　20-23

数字多媒体技术基础

课堂练习

任务背景：学习了 Flash 交互课件设计，通过 AS 语言和按钮的使用使 Flash 的交互达到互动效果。

任务目标：自己拟定一个课题，制作一个简单的交互学习课件。

任务要求：课件内容完整，链接无错误，转换自然，按钮设置正确。

任务提示：课件设计过程中注意 AS 代码的运用，在课外多学习美工技能，可以使创作变得更令人赏心悦目。

课后思考

（1）Flash 的应用领域有哪些？

（2）从网上搜索一些简单的 AS 代码并加以修改运用。

第 5 章
数字媒体在办公中的整合应用

第 21 课　PowerPoint多媒体文稿的制作

在诸多多媒体软件中,有些软件是需要钻研通透的,它甚至可以作为专业的技术领域来研究,它还能作为一个长期的职业为你带来不错的收入。但是还有些软件,是大众办公人员必须掌握的,例如常用的 Office 系列办公软件。

办公软件在日益繁重的办公需求下不断开发和更新,从单纯的办公文字录入,到数字媒体的发展,数字媒体已经逐渐成为办公的重要组成部分。最为著名的办公软件便是微软的 Office 系列软件: Word、PowerPoint 和 Excel。在本课中主要讲解 PowerPoint 多媒体文稿的制作。

课 堂 讲 解

> **任务背景:** 多媒体演示文稿是我们平常学习中经常看到的课件样式之一,它具有的多种多媒体办公功能,是平时经常用到的。
> **任务目标:** 熟练掌握 PowerPoint 的插入和链接功能,制作一个简单的多媒体演示文稿。
> **任务分析:** (1) 学习插入图片、音频和视频的方法。
> 　　　　　　 (2) 在演示文稿制作完成后,将其制作成网页格式。

Microsoft Office PowerPoint (PPT)是一种演示文稿图形程序,能够制作出集文字、图形、图像、声音以及视频剪辑等多媒体元素于一体的演示文稿,把所要表达的信息组织在一组图文并茂的画面中,用于介绍公司的产品、展示学术成果。用户不仅可以在投影仪或者计算机上进行演示,也可以将演示文稿打印出来,制成胶片,以便应用到更广泛的领域中。利用 PowerPoint 不仅可以创建演示文稿,还可以在互联网上召开面对面会议、远程会议或在网上给浏览者展示演示文稿。

21.1　添加图片、声音和视频

在这一节中,通过一个简单的 PPT 制作来学习添加图片、声音和视频的方法,如图 21-1 所示。

步骤 1　新建演示文档

启动 PowerPoint,自动打开一个空白文档。

将光标定位在主标题处,在幻灯片主标题上输入“数字媒体在办公中的整合应用”,副标题处输入“添加图片、声音和视频”。

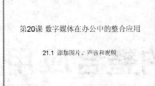

图 21-1

步骤 2　插入剪贴画

剪贴画是 Office 系统自带的矢量图，它的图片文件较小，颜色艳丽，使用方便，是很多办公人员经常用到的图像形式之一。

选择"插入"→"新幻灯片"选项，插入一张新的幻灯片，版式为"标题、文本与剪贴画"，在主标题和文本中输入文字（如图 21-2 所示）。在剪贴画区域双击进入选择剪贴画窗口，选择一张剪贴画，单击"插入"按钮。

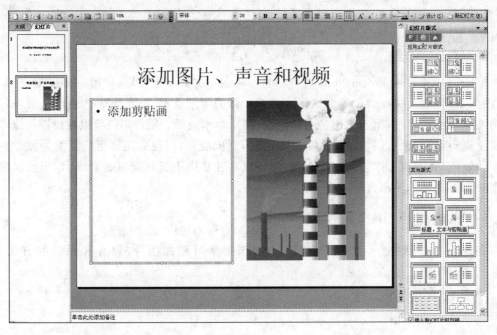

图 21-2

步骤3 插入图片

插入一张新的幻灯片,版式为"标题,文本和内容",输入与上张幻灯片同样的主标题。

在文本区域输入"插入图片",将光标定位在将要插入图片的位置,选择"插入"→"图片"→"来自文件"选项(如图21-3所示)。当然还可以插入其他类型的图片如自选图形、艺术字等。

在弹出的对话框中选择图片,单击"插入"按钮,即可将图片插入到幻灯片中,如图21-4所示。

图 21-3

图 21-4

步骤4 为幻灯片添加声音

插入一张新的幻灯片,版式为"标题和文字",输入与上张幻灯片同样的主标题。

在文本区域输入"添加声音",选择"插入"→"影片和声音"→"剪辑管理中的声音"选项。在右侧显示的剪辑管理器中选择音乐,如图21-5所示。

图 21-5

数字多媒体技术基础

图 21-6

双击插入后，会在幻灯片中心显示一个喇叭标志，在弹出的窗口中，提示选择播放方式，单击"自动"按钮，如图 21-6 所示。

当剪辑器中的音乐不能满足需要的时候，还可以引用外部音乐。

再插入一个版式为"标题和文字"的新幻灯片，输入与上张幻灯片同样的主标题。

在文本区域输入"添加声音"，选择"插入"→"影片和声音"→"文件中的声音"（假如是 CD 中的音乐或自己录制的音乐也可以选择其他几项）选项（如图 21-7 所示），在弹出的对话框中选择音乐文件，选择自动播放，完成声音插入。

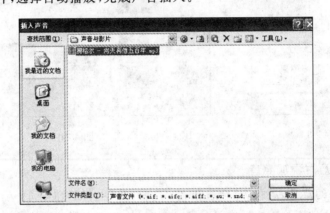

图 21-7

步骤 5　插入视频

视频在多媒体演示中也是常用的演示方法，其活泼动感的视听效果能活跃演示气氛。PPT 中支持 AVI、ASF、WMV、DVR-MS 和 MPEG 的视频格式，也支持 Flash 格式的视频和 GIF 格式的动画。

选择"插入"→"新幻灯片"选项，插入一张新的幻灯片，版式为"内容"。选择"插入"→"影片和声音"→"文件中的影片"选项，在弹出的选择文件窗口中，选择一段视频插入到幻灯片中，选择播放方式为"在单击时"播放，如图 21-8 所示。

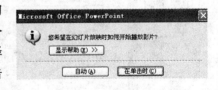

图 21-8

最终设置完成后，按 F5 键，测试幻灯片播放效果，如图 21-9 所示。

除了直接插入视频外，还可以通过插入控件来播放视频，方法如下。

首先插入一张新的幻灯片，版式为"内容"。选择"视图"→"工具栏"→"控件工具箱"选项，如图 21-10 所示。

在打开的"控件工具箱"窗口中，单击"其他控件"按钮选择 Windows Media Player 选项，然后将光标移动到 PowerPoint 的编辑区域中，画出一个大小合适的矩形区域，随后该区域就会自动变为 Windows Media Player 的播放界面，如图 21-11 所示。

图　21-9　　　　　　　　　　　　　图　21-10

用鼠标选中该播放界面，然后右击，从弹出的快捷菜单中选择"属性"选项，打开该媒体播放界面的"属性"窗口，如图 21-12 所示。

图　21-11　　　　　　　　　　　　　图　21-12

在"属性"窗口中，在 URL 设置项处正确输入需要插入到幻灯片中视频文件的详细路径及文件名。输入类似"E：\声音与影片\少女.avi"这样的地址，保存幻灯片，按 F5 键测试幻灯片。

21.2　发布 PowerPoint 的网页文稿

做好的 PowerPoint 文件是不是也可以像网站那样发布到空间上供人浏览呢？在这一节中，将学习用 PowerPoint 软件把演示文稿发布在网络上，来展示文稿的内容，也可以实现资源文件共享。

步骤 1　将 PowerPoint 文件另存为网页

打开上一节做好的 PPT 文件，选择"文件"→"另存为 Web 页"选项，打开"另存为"对话框，如图 21-13 所示。

设定文件的保存位置，文件名为"数字媒体在办公中的整合应用.htm"，如果想更换网页的标题，可以单击"更改标题"按钮打开对话框进行设定，这里以默认的名称显示，然后单击"发布"按钮，就发布为网页格式了。

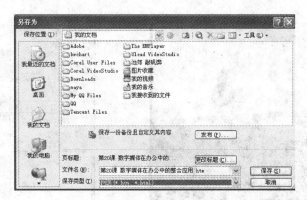

图　21-13

步骤2　设置发布

在"发布内容"中,选择完整的演示文稿,打开"Web 选项"对话框;设置颜色为黑底白字(如图 21-14 所示),图片设置为"宽 800 像素、高 600 像素"。

在"浏览器支持"选项组可以选择第 2 项。在"发布一个副本为"选项组中,具体设置如图 21-15 所示,设置完成后单击"发布"按钮。

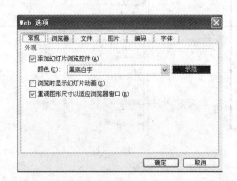

图　21-14

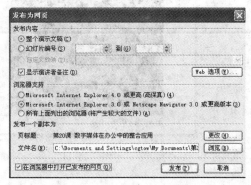

图　21-15

发布完成后,查看效果如图 21-16 所示。

图　21-16

课堂练习

> **任务背景：** 通过插入和链接外部的图片、视频、音频和自身所带的剪贴画、SWF 动画和音频使 PowerPoint 演示文稿的表现方式变得更加丰富，演示效果更加完美和全面。
>
> **任务目标：** 根据本课内容，用 PowerPoint 的插入功能，通过插入视频、图片和音频制作一个多媒体演示文稿。
>
> **任务要求：** 设计制作要求插入的资料要符合演示文稿的内容，整体演示效果完善。
>
> **任务提示：** 视频、图片和音频可以通过设置动画，达到更好的效果。

课后思考

（1）PowerPoint 在新版本中还应该具有什么功能？

（2）请尝试在 PowerPoint 里插入 Flash。

第 22 课　Excel、Word中的图形及视频应用

除了第 21 节课提到的 PowerPoint 可以实现数字媒体许多功能以外，作为 Office 的另外两大办公软件也可以通过插入图形与视频的应用，实现视听效果极佳的数字多媒体办公功能。

课堂讲解

> **任务背景：** Excel 与 Word 是多媒体办公软件必不可少的工具，当今已经进入无纸化办公的高科技发展时代，掌握这两个软件可为工作带来极大便利。
>
> **任务目标：** 运用 Excel 与 Word 的插入与连接功能，使 Word 文档不仅仅是一个文字组成；学会将 Word 格式转换为网页格式；通过 Excel 制作图表来更好地表现数据信息。
>
> **任务分析：** Word 的插入功能和 PowerPoint 有些像，在多媒体功能上依旧非常突出；Excel 的图表功能可以为数据的比较提供更多的帮助。

22.1　在 Word 中插入声音和视频

Word 在通常办公中只是用来排列文字和图片的电子文档。其实，在 Word 中可以通过添加声音和视频使电子文档的内容更加丰富。

下面通过对《清塘荷韵》的编辑来学习如何在 Word 中插入声音和视频。

步骤 1　插入音频文件

启动 Word，打开光盘中的"清塘荷韵.doc"文件，在标题"清塘荷韵"后插入一段声音。单击需要插入的位置，选择"插入"→"对象"选项，在弹出的"对象"对话框中选择"由文件创建"选项卡（如图 22-1 所示），在该选项卡中单击"浏览"按钮并通

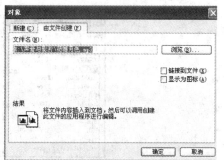

图　22-1

过文件夹切换选中声音或者视频文件，单击"插入"按钮返回到"对象"对话框。

在"对象"对话框中单击"确定"按钮，这时会看到在当前打开的 Word 文档中多了一个含有 MP3 音乐文件名的图标（如图 22-2 所示），只要双击这个图标，无限美妙的音乐旋律即可响起。

步骤 2　插入视频文件

在文档最后插入"荷花"视频文件。

将光标移动到文档最后的位置，按 Enter 键，使输入光标另起一行。选择"视图"→"工具栏"→"控件工具箱"选项，打开"控件工具箱"浮动窗口，如图 22-3 所示。

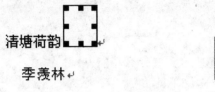

图　22-2　　　　　　　　　　　　　　　　图　22-3

单击该浮动窗口的最后一个"其他控件"按钮，然后在其弹出的列表中选择 Windows Media Player 选项，如图 22-4 所示。

这时会在 Word 中弹出一个播放器的界面，如图 22-5 所示。

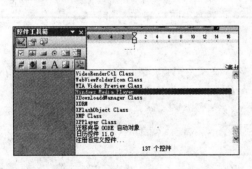

图　22-4

图　22-5

在该播放器中右击，选择"属性"选项，在 Word 随后弹出的"属性"对话框中找到"文件名"选项，然后便可以在该选项右侧的空白框中手工输入需要播放视频的绝对路径及文件名，如图 22-6 所示。

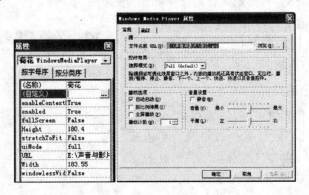

图　22-6

输入完毕后,关闭"属性"对话框返回到 Word 中,如果需要马上对指定的视频进行播放,则只要在 Word 的"控件工具箱"窗口中单击"退出设计模式"按钮,视频就插入完毕了。

22.2　在 Word 中制作网页

步骤 1　制作主页

打开 Word 软件,打开素材中的 Word 文档 index.doc,选择"文件"→"另存为网页"选项,在弹出的"另存为"对话框中,设置名称为 index.htm,如图 22-7 所示。

图　22-7

步骤 2　检查和编辑网页

打开编辑好的网页,测试是否出现错误,如果不满意可以在 Word 文件里选择"文件"→"打开"选项,打开 index.htm 文件就可以进行修改了,如图 22-8 所示。

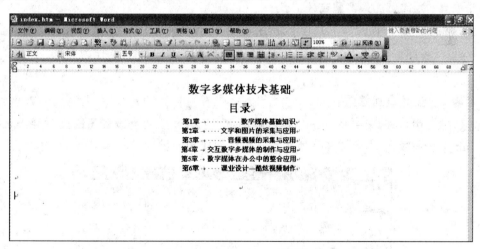

图　22-8

用同样的方法制作其他几个 DOC 文档的网页文件,如图 22-9 所示。

步骤 3　创建首页链接

在 Word 中以文档方式打开 index.htm 文档,选择"第 1 章 数字媒体基础知识",选择

图　22-9

"插入"→"超链接" 选项,在打开的对话框中执行"原有文件或网页"→"当前文件夹"命令,选择"第一章.htm",建立超链接如图 22-10 所示,连接后文字呈蓝色。

　　然后依次将后面的第 5 章标题与网页链接在一起,完成首页的链接,在网页状态下检查首页链接,如图 22-11 所示。

图　22-10

数字多媒体技术基础

目录

第1章 → 　数字媒体基础知识
第2章 → 　文字和图片的采集与应用
第3章 → 　音频视频的采集与应用
第4章 → 交互数字多媒体的制作与应用
第5章 → 数字媒体在办公中的整合应用
第6章 → 课业设计—酷炫视频制作

图　22-11

步骤 4　为首页加入背景音乐

　　选择"视图"→"工具栏"→"Web 工具箱"选项,在打开的 Web 工具箱中单击"添加声音" 图标按钮,如图 22-12 所示,选择计算机上的一首音乐作为背景音乐。

步骤 5　设定返回首页

　　在 Word 中打开"第一章.htm"选择"返回首页"几个字,再次设置超链接,选择 index.htm 文件,如图 22-13 所示。其他页面作相同设置。

图　22-12

图　22-13

步骤 6　测试 Word 网页

设置好所有页面后,打开各个页面测试它们的链接和背景音乐,如图 22-14 所示。如果链接有误或者音乐和视频无响应,则要重新设置。

图　22-14

22.3　在 Excel 中编辑图表

Excel 是微软办公套装软件的一个重要组成部分,它可以进行各种数据的处理、统计分析和辅助决策操作,广泛地应用于管理、统计财经、金融等众多领域。它有大量的公式函数可以应用选择,能够实现许多功能,给使用者提供方便。但是,我们往往忽视它的图形和图表功能,这些功能可以方便地进行图形分析和表格处理。

下面通过对"2008 年 GDP 世界排名.xls"文件的编辑来学习如何插入图表和编辑图片,如图 22-15 所示。

步骤 1　创建图表

启动 Excel 软件,打开素材里的"2008 年 GDP 世界排名.xls"文件。

选择"国家"和 GDP,然后执行"插入"→"图表"命令,如图 22-16 所示。

图　22-15

图　22-16

在弹出的"图表向导"对话框中,第1步选择图表类型,需要根据数据的内容来决定,本课是以排位为数据,最能体现数量多少的是"柱形图",所以选择"柱形图"选项,如图22-17所示。

进入第2步,需要选择数据区域以及系列产生在行或列。数据的范围是从B2到C13,系列产生在行,如图22-18所示。

图 22-17

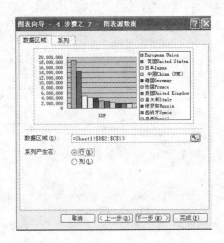

图 22-18

单击"下一步"按钮,将图表的标题和分类(X)轴与数值(Y)轴的注释填写完毕,如图22-19所示。

最后一步选择图表位置,将图表放到Sheet1表中,单击"完成"按钮如图22-20所示,即可完成图表制作。

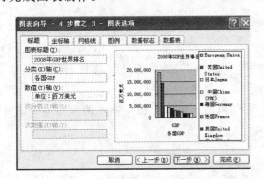

图 22-19

图 22-20

Excel的图表添加完成后,移好图表的位置就可以了,效果如图22-21所示。

步骤2 编辑图表

图表的类型有柱形图(默认)、条形图、折线图、饼图等14种。

编辑(改变)图表类型方法是在图表区域内右击,在弹出的快捷菜单中选择"图表类型"选项,如图22-22所示。

在"图表类型"对话框的"标准类型"选项卡中,选择"图表类型"为"饼图","子图表类型"为"分离型饼图",如图22-23所示。

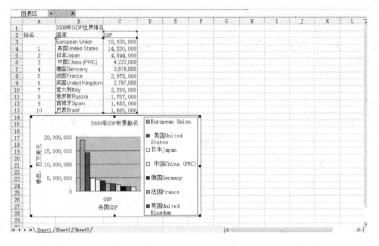

图　22-21

图　22-22

图　22-23

　　默认选项是依据行数据制作图表的，如果需要按列数据制作图表，则单击"常用"工具栏的"按列"按钮。

　　组成图表的元素有图表标题、坐标轴、网格线、图例、数据标志等，这些元素均可添加或重新设置。

课堂练习

> **任务背景**：Word 和 Excel 在多媒体方面的功能，是当今多媒体办公室的常用功能，在日益普及的计算机技术中，它将成为我们工作生活中必不可少的常用技能。
>
> **任务目标**：按照本课所学的技巧，用 Word 制作一组网页，包括主页和分页。
>
> **任务要求**：不仅完成本课的学习技巧，还可以根据自己的喜好设计出好看的界面，做出更多更好的效果。
>
> **任务提示**：需要通过不断实践来掌握多媒体软件丰富多彩的功能。

课后思考

　（1）在 Word 中能插入 Flash 影片吗？

　（2）在 Excel 文件能插入音频或者视频吗？

数字多媒体技术基础

第 23 课　用Photoshop与Flash制作动画——好水好居处

Photoshop 是专业的图像处理软件,它不仅可以满足一般家用的图像后期处理,在商业运作中也是制作平面静帧广告的首选软件。此外,当制作二维动画的时候往往也需要借助它强大的图像处理功能。Flash 作为当下主流的网络动画制作软件之一,它的优点在于简单的界面和容易操作的功能,使得它拥有非常广大的用户群,而它的局限在于图像处理功能不如 Photoshop 强大。其实,可以尝试将这两款软件取长补短互相结合使用,从而制作出色的平面动画广告。在本课中,将运用 Photoshop 和 Flash 软件制作平面动画广告。

课堂讲解

任务背景：学会了用 Photoshop 进行图像处理和平面静帧广告设计后,就可以把静帧广告做成动画了,本课将用 Flash 软件与 Photoshop 软件相结合来实现动画的制作。

任务目标：用 Flash 软件与 Photoshop 软件相结合制作一个简单的动画广告,掌握两个软件的互补功能。

任务分析：学习 Photoshop 的图像处理功能和 Flash 的动画功能,熟悉软件互相通用的图片格式。

步骤 1　处理素材图像

启动 Photoshop CS4 软件,双击软件空白处,在打开的窗口中,选择素材中的“名水华府.jpg”图片,单击“打开”按钮,如图 23-1 所示。

按照前期策划,设置文件大小,选择“图像”→“图像大小”选项,把宽度和高度分别调整为 500 像素、700 像素,如图 23-2 所示。

图　23-1

图　23-2

选择"滤镜"→"模糊"→"高斯模糊"选项,在打开的"高斯模糊"对话框中,调整图像的模糊程度,如图 23-3 所示。单击"确定"按钮后,按 Ctrl＋Shift＋S 组合键,另存为"名水华府2.jpg",将图像关闭。

步骤 2　抠出人物图像

双击软件空白处,选择素材,打开"人物.jpg"图片,将图片的宽度和高度分别调整为300 像素、414 像素,如图 23-4 所示。

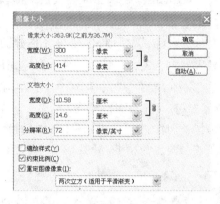

图　23-3　　　　　　　　　　　　　　图　23-4

使用工具栏上的"多边形套索"工具,小心地将两个人物外形抠出来并处于选择状态,然后执行"选择"→"羽化"命令,设置羽化半径为 1 像素,按 Ctrl＋Shift＋I 组合键进行反选,按 Delete 键删除人物以外的部分。将图像另存为"人物 1.png"(PNG 格式可以保留透明背景),如图 23-5 所示。

步骤 3　将抠出的人物图像设置高斯模糊

在这里,要制作一个动画效果,即人物从模糊到清晰的一个动画效果,要求至少要有两个关键状态,即模糊的图像和清晰的图像。

现在,对抠出的图像执行"高斯模糊"命令。具体设置方法同"步骤 1",另存为"人物 2.png",如图 23-6 所示。

图　23-5　　　　　　　　　　　　　　图　23-6

步骤 4   启动 Flash 软件,设置文件大小

启动 Flash CS4 软件,右击空白处,在弹出的快捷菜单中选择"文档属性"选项,在打开的"文档属性"对话框中将舞台大小设定为宽度 500 像素、高度 700 像素,将帧频调整为 24fps(24 帧每秒),如图 23-7 所示。

图   23-7

步骤 5   创建图层,导入图像并设置关键帧

在时间轴上单击"新建图层"按钮,创建 4 个图层,选择"文件"→"导入"选项,将 4 张处理好的素材图像分别导入到舞台的 4 个图层,双击图层,分别将图层命名为"名水华府"、"模糊 1"(名水华府模糊图)、"人物"、"模糊 2"(人物模糊图)。

分别选择各图像,按 F8 键,将 4 张图转换为图形元件。

分别在各个图层的第 60 帧处按 F6 键,插入关键帧,如图 23-8 所示。

图   23-8

步骤 6   创建传统补间动画

在"模糊 2"图层的第 10 帧处按 F6 键,插入关键帧,选择第 1 帧的图形,将图形元件移到舞台的右侧(如图 23-9 所示),在当前帧上右击,在弹出的快捷菜单中选择"创建传统补间动画"选项。

在第 60 帧处选择该图,在"属性"面板中,将其 Alpha 值调整为 0(如图 23-10 所示),在第 10 帧处右击,在弹出的快捷菜单中选择"创建传统补间动画"选项。

在"人物"层的第 10 帧处按 F6 键,插入一个关键帧(如图 23-11 所示),选择第 1 帧的图形,在"属性"面板中将其 Alpha 值调整为 0。

图　23-9

图　23-10

图　23-11

在"模糊1"图层的第20帧处按F6键,插入一个关键帧(如图23-12所示)。选择第1帧的图形,在"属性"面板中设置图形的Alpha值为0,在第20帧处同样设置图形的Alpha值为0,并创建传统补间动画。

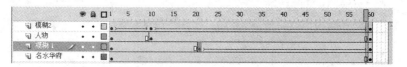

图　23-12

数字多媒体技术基础

步骤 7　设置文字图层动画

在时间轴上,新建一个"文字"图层。在第 50 帧处,按 F7 键,插入空白关键帧,并输入"名水华府.好水.好居处"文字。选择文字,在"属性"面板中设置文字颜色为白色,大小为 35 号,选择一个好看的字体。选择文字,按 F8 键,将其转换为图形元件,将该图形放置在图像右上角,在第 60 帧处插入关键帧,如图 23-13 所示。

图　23-13

在第 50 帧处选择文字图形,在"属性"面板中设定元件的 Alpha 值为 0,在第 50 至第 60 帧之间创建传统补间动画,在"属性"面板中设定补间动作为顺时针旋转 1 圈,如图 23-14 所示。

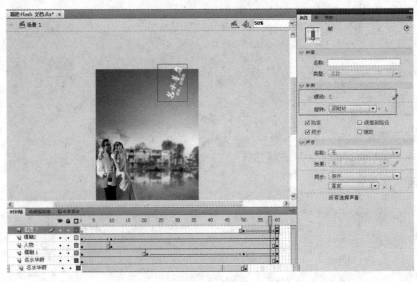

图　23-14

在第 60 帧处按 F9 键,在弹出的动作窗口中输入"stop();",即到第 60 帧时动画停止播放。如果想使动画循环播放,则可以不必操作这一步。

步骤 8　保存和预览动画

按 Ctrl＋S 组合键,保存文件。按 Ctrl＋Enter 组合键预览动画,也可以选择"控制"→"测试影片"选项,测试最终的动画作品。

课堂练习

> **任务背景:** Photoshop 软件的强大图片编辑功能与多媒体互动动画软件 Flash 相结合,为我们在平面广告和网络广告设计方面带来了巨大的便利。
>
> **任务目标:** 根据本课的学习,用 Photoshop 设计一个平面广告并在 Flash 中加入动画效果,使它更生动形象。
>
> **任务要求:** 要求设计创意新颖,合成完善,动画设计生动。
>
> **任务提示:** 充分使用 Photoshop 的滤镜和遮罩功能,让画面充满变化和效果,在 Flash 中调节动画的时候注意尺寸。

课后思考

(1) 在 Flash 中能导入哪些带透明背景的图片格式?

(2) Flash 和 Photoshop 中通用的图形格式有哪些?

第 24 课　制作一个商品宣传广告——数码影像世界

网络是个虚拟的世界,在 IT 业日益发展的今天,很多人选择在网络上创业,于是网络商店琳琅满目,应有尽有。而此时涌现出来的网络商店装修、网络保姆等新兴职业也如雨后春笋般涌现出来。在进行网络商店维护或者装修的时候,少不了要为商品进行广告设计,将商品的最大价值表现出来,宣传出去,达到促销的目的。

本课将通过一个数码产品的宣传广告案例,讲解用 Flash 制作网络商品广告的方法。

课堂讲解

> **任务背景:** 你是不是也有自己的网络商店呢? 你可能已经掌握了一些用 Flash 制作动画的方法,那就为你的产品做个宣传广告吧。
>
> **任务目标:** 制作一个网络商品宣传广告。
>
> **任务分析:** 配合 Photoshop 来处理图像,使用 Flash 的蒙板功能制作光效。

步骤 1　用 Photoshop 处理图像

启动 Photoshop 软件,将整理好的数码产品素材图像用 Photoshop 软件打开。双击图层,将图层解锁。用魔术棒工具或者套索工具等将产品进行抠图处理,使图像的背景为透明。选择"图像"→"调整"→"色阶"选项,在弹出的"色阶"对话框中调整图像的色阶,使产品的颜色看起来比较明亮饱和,如图 24-1 所示。

数字多媒体技术基础

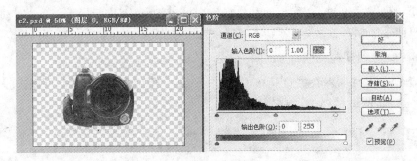

图　24-1

步骤2　保存图像

选择"图像"→"图像大小"选项,将当前的两张图像大小修改为宽 300 像素、高 200 像素的文件。选择"文件"→"保存"选项,将处理好的两张图像保存为 PNG 格式,如图 24-2 所示。

步骤3　启动 Flash 软件,设置文件属性

启动 Flash CS4 软件,在欢迎界面选择"Flash 文件(ActionScript 2.0)",进入到 Flash 界面里,在"属性"卷展栏中设置文件大小为宽 650 像素、高 200 像素,背景为白色,如图 24-3 所示。

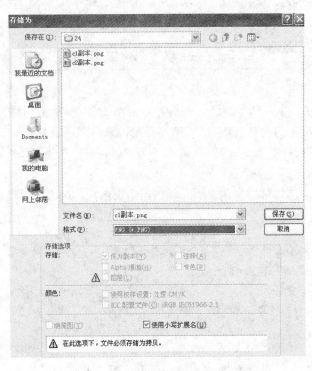

图　24-2

图　24-3

步骤4　新建图层,导入素材

在时间轴上新建一个图层,分别在两个图层上双击,修改图层名为 C1 和 C2。选择"文

件"→"导入"→"导入到舞台"选项,分别将两张产品的图片导入到两个图层里。

依次选择两张产品图片,按 F8 键,将图片素材转换为"影片剪辑"元件,将影片剪辑元件分别命名为 C1 和 C2,在场景中将图像的位置调整排列好,如图 24-4 所示。

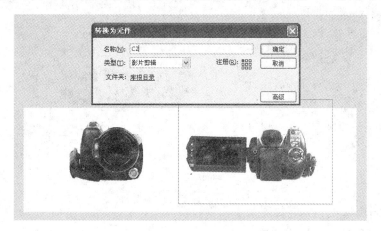

图 24-4

步骤 5 制作光效背景

在"时间轴"面板上,单击"新建图层"图标按钮,新建一个图层,将图层拖曳至底层。选择工具栏上的"矩形绘图"工具,边宽颜色设置为无,填充色设置为黑白渐变色,在软件右侧的"颜色"面板中设置渐变色为黑、白、黑,然后在场景中绘制一个渐变的矩形背景。在工具栏中选择"渐变变形工具",对此矩形进行渐变方向的调整,效果如图 24-5 所示。

图 24-5

单击背景图层的"锁定"图标按钮,将图层锁定。

步骤 6 在影片剪辑里编辑产品图片

按 Ctrl+S 组合键,保存当前的 Flash 文件,将文件命名为 product.fla。

在场景上,双击"C1"产品图片,进入到影片剪辑元件场景。在影片剪辑场景里,新建一个图层。选择产品图片,按 Ctrl+C 组合键,复制图片。在新的图层上按 Ctrl+Shift+V 组合键,将复制的图片粘贴到当前位置。此时当前场景里有两张一模一样的图片了。

锁定"图层 1",选择"图层 2"上的图片,按两次 Ctrl+B 组合键,将当前图片打散。单击工具栏上的"套索"工具,此时在工具栏下方会弹出"魔术棒"工具,单击"魔术棒"工具按钮,然后在场景中选择产品图片的透明部分将其删除,那么产品图片就只剩下当前有颜色的部分了,如图 24-6 所示。

图 24-6

接下来,利用这一部分颜色来制作遮罩动画。

步骤 7   用遮罩动画制作光效

将当前光标转换到选择工具。新建一个图层,将新的图层命名为 light,将此图层拖曳至第 2 层,即中间层。在工具栏选择"矩形"工具,边框色设置为无,填充色选择黑白渐变,在"颜色"对话框中修改黑白渐变为"白色透明-白色-白色透明"的渐变,如图 24-7 所示。

在场景中绘制好矩形后,按 Q 键,将渐变的矩形旋转约 20°,效果如图 24-8 所示。

步骤 8   创作补间形状动画,制作蒙板光效

依次选择 3 个图层的第 15 帧,按 F5 键插入帧。选择 light 图层的第 15 帧,按 F6 键插入关键帧。在第 1 帧处,选择场景中的矩形光效,将矩形光效移动至产品的左侧。在第 1 帧处右击,在弹出的快捷菜单中选择"创建补间形状动画"选项,此时的动画效果是,光效从左边向右侧一闪而过。

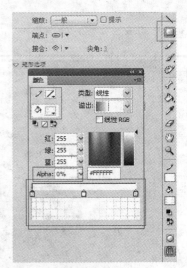

图 24-7

图 24-8

　　在最上面的图层上右击,在弹出的快捷菜单中选择"遮罩层"选项,应用遮罩效果。此时,光效就从产品的形状上显示出来了,效果如图 24-9 所示。

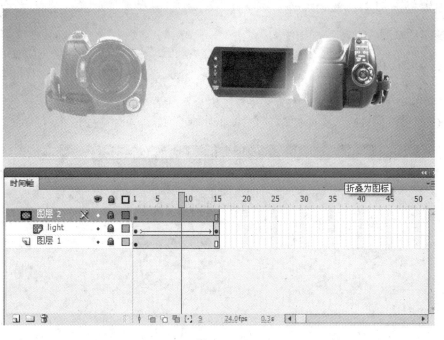

图　24-9

　　单击软件左上方的场景1,回到场景中,按照以上方法,将 C2 产品图也制作同样的光效动画。为了使动画节奏有所变化,需要将时间线适当延长,效果和图层如图 24-10 所示。

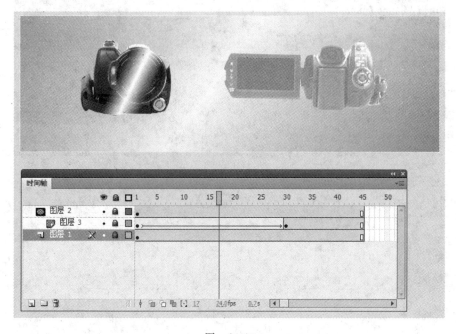

图　24-10

数字多媒体技术基础

此时,回到场景 1 中,按 Ctrl+Enter 组合键,观看效果。然后按 Ctrl+S 组合键,保存文件。

在此基础上,为产品添加一个广告词。

步骤9　添加广告词

在 Photoshop 中,新建一个文件,设置大小为宽 650 像素、高 200 像素,背景为透明。设计一个广告词"数码影像世界"(如图 24-11 所示),在图层上右击,在弹出的快捷菜单中选择"混合选项",在"混合选项"窗口中为文字添加混合属性效果,颜色为金黄的渐变色。

按 Ctrl+S 组合键,将文件保存为 PNG 格式,文件命名为"广告词.png"。

图　24-11

回到 Flash 软件中,在场景中新建一个图层,选择"文件"→"导入"→"导入到舞台"选项,将广告词文字导入到舞台上,将广告词图层命名为 f1,如图 24-12 所示。

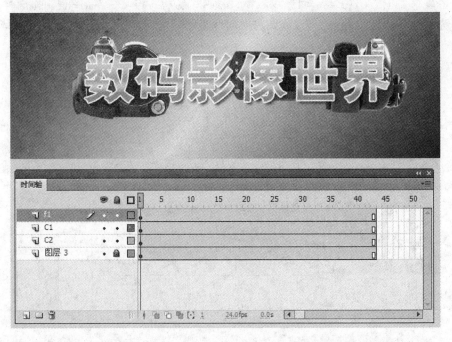

图　24-12

步骤 10　完成动画

　　选择所有图层的第 100 帧,按 F5 键,插入帧。选择 f1 图层的第 1 帧,将该帧拖曳至第 60 帧处,按 F8 键,将广告文字图片转换为图形元件。在第 70 帧处,为 f1、C1 和 C2 分别插入关键帧。

　　将当前的时间指针停留在第 60 帧处,选择场景中的文字图像,在"属性"面板中,"色彩效果"样式下拉列表选择 Alpha 选项,将该数值调整为 0,即完全透明,如图 24-13 所示。

　　在第 60 帧处右击,在弹出的快捷菜单中选择"创建传统补间动画"选项,为文字图层创建传统补间动画。

　　按照这种方法,为两张产品图片设置淡出效果,时间线和场景效果如图 24-14 所示。

图　24-13

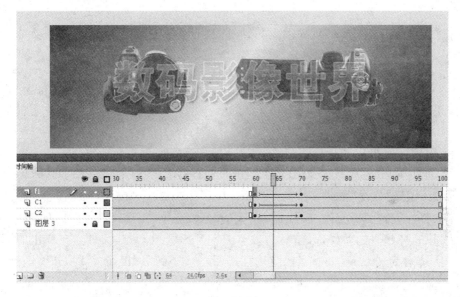

图　24-14

　　按 Ctrl＋Enter 组合键,观看效果,然后按 Ctrl＋S 组合键,保存文件。

课堂练习

任务背景:本课学习了在 Flash 中制作网络商品广告的方法,利用蒙板效果制作产品的光效。综合应用了 Flash 和 Photoshop 两个软件的功能。

任务目标:请为你自己的网店设计一个产品广告,或者虚拟一个产品,并为它制作一个网络广告。

任务要求:广告动画节奏明快,颜色亮丽,动画效果良好,光效应用得当。

任务提示:Flash 的蒙板效果是最常用的功能之一,掌握它,可以举一反三,做出很多其他动画效果来。

课后思考

（1）你能用 Flash 蒙板制作其他动画效果吗？

（2）自己创作一个网络商品的广告动画。

第25课　制作互动网站片头——莲动书香

网络的世界蕴藏着无限可能。在这个虚拟的世界里，网友们纷纷各显身手，表现和推荐自己。除了现今流行的博客、论坛外，很多网友还专门为自己设计个人主页，在网络上表现个性的自我，而网站片头是最能吸引浏览者眼球的进站动画。

制作网站片头当前主要有三大应用软件，即 Photoshop、Flash、Dreamweaver。有了这三个软件的紧密结合，基本能实现理想中的网站片头动画效果。

课堂讲解

任务背景：上节课中学习了 Photoshop 和 Flash 相结合制作动画的案例，想必你对静帧平面广告的设计和动画制作已经有一定的了解了吧。

任务目标：设计一个网络广告，掌握多种动画特效技巧。

任务分析：网络广告有多种表现形式和技巧，掌握多种创意技巧，不断推陈出新，熟记和熟练操作常用的特效。

步骤1　启动 Photoshop 软件，打开图片

启动 Photoshop CS4 软件，打开素材中准备的"荷花.jpg"、"竹简.jpg"和"蝴蝶.jpg"。

步骤2　编辑"竹简"图像

（1）选择"竹简"图像文件，选择工具栏上的"磁性套索"工具，描出竹简的形状。建立选区后，按 Ctrl＋X 组合键剪切选区，然后按 Ctrl＋N 组合键，新建文件。在弹出的"新建文件"窗口中，命名为 zhujian，将背景颜色选择透明，单击"确定"按钮。然后按 Ctrl＋V 组合键，粘贴竹简形状。效果如图 25-1 所示。

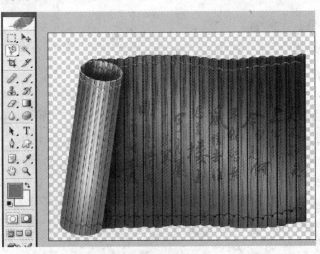

图　25-1

（2）再次选择工具栏上的"磁性套索"工具，描出竹简的滚轴形状。用刚才的办法，建立选区后，按 Ctrl＋X 组合键剪切选区，然后按 Ctrl＋N 组合键，新建文件。在弹出的"新建文件"窗口中，将背景颜色选择透明，单击"确定"按钮。然后按 Ctrl＋V 组合键，粘贴竹简形状。按 Ctrl＋S 组合键，将图像保存为 g1.png，关闭该文件，如图 25-2 所示。

（3）将当前的 zhujian 文件保存为 zhujian.png（注意，图片格式选择 PNG 格式）。这两个图形将要用做竹简的展开动画元素。

图 25-2

步骤3 编辑蝴蝶飞舞的动画元素

选择工具栏上的"套索工具"，将蝴蝶图片的身体和翅膀分开。选择翅膀图片图层，分别再复制两个翅膀图层，用变形工具将翅膀的展开状态进行调整。调整好的 4 个图形样式，如图 25-3 所示。

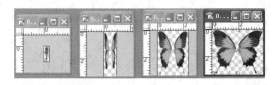

图 25-3

分别将它们保存为背景为透明的 PNG 格式的图片，按 Ctrl＋S 组合键保存各图，将它们分别命名为 c1.png、c2.png、c3.png、c4.png，这些图片将用来制作蝴蝶的飞舞动画效果。

步骤4 编辑背景图片

将荷花背景图片进行裁切，选择"图像"→"调整"→"色阶"选项，对图像进行色阶的调整（如图 25-4 所示）。使图像的颜色看起来饱和、亮丽，将图片保存为"荷花背景.jpg"。

图 25-4

步骤5 启动 Flash 软件，设置文件属性

启动 Flash CS4 软件，选择 ActionScript 2.0 版本。在"文档属性"栏里设置文件大小，设置宽为 800 像素，高为 600 像素，帧频为 24fps，如图 25-5 所示。

数字多媒体技术基础

图　25-5

步骤6　导入荷花背景素材和竹简素材

选择"文件"→"导入"→"导入到舞台"选项,选择荷花背景图片,单击"打开"按钮,将图片导入到时间轴的第1层。在"属性"面板中调整图片的X、Y位置,使图片处于文档的正中间,锁定该图层。

新建3个图层,分别将竹简的2个PNG图像导入到2个图层中。选择g.png,按Ctrl+C组合键,复制图像,选择最上面的新建图层,按Ctrl+V组合键,粘贴图像,排列图像的位置,使它们为竹简展开的画面效果。

分别选择3个竹简元素,按F8键,分别将它们转换为图形元件,依次命名为z1、z2、z3,此时效果如图25-6所示。

图　25-6

步骤 7　制作竹简动画效果

选择所有图层的第 30 帧,按 F5 键,插入帧。在竹简的图层上方新建一个图层,双击修改图层名为"蒙板"。选择工具栏上的矩形工具,用矩形工具绘制一个约一片竹简宽度的矩形。

按 V 键,将光标转换为选择工具,选择第 30 帧,按 F6 键插入关键帧。按 Q 键,显示变形工具,选择矩形,将矩形拉宽盖住竹简。在该层上的第 1 帧到第 30 帧中间任何一帧上右击,在弹出的快捷菜单中,选择"创建补间形状动画"选项,制作一个展开的矩形动画。

在该图层名上右击,在弹出的快捷菜单中选择"遮罩层"选项。此时拉动时间线,可看到竹简展开的雏形。

分别在两个滚轴图层的第 30 帧插入关键帧。回到第 1 帧处,移动两个滚轴的位置,使它们基本重叠在一起,并将竹简的起始位置盖住。

分别在滚轴的图层上右击,在弹出的快捷菜单中选择"创建传统补间动画"选项,为这两个图层创建传统补间动画。按 Enter 键,检查动画效果,此时是一个竹简逐渐展开的动画效果,如图 25-7 所示。

图　25-7

步骤 8　制作蝴蝶动画效果

按 Ctrl+F8 组合键,创建一个影片剪辑。命名为"蝴蝶",单击"确定"按钮。

选择"文件"→"导入"→"导入到库"选项,选择蝴蝶的 4 个状态图片分别导入到库中。按 F11 键,将"库"窗口打开。

将库里的 c1 图片拖入到当前影片剪辑场景里的第 1 图层,选择第 15 帧,按 F5 键,插入帧。

分别新建 5 个图层,将 c2、c3、c4 依次按照图 25-8 所示的方式排列。

数字多媒体技术基础

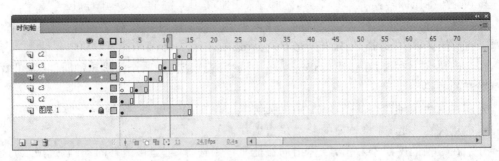

图 25-8

按 Enter 键，检查动画效果，这是一个蝴蝶展翅飞舞的动画效果。单击软件左上角的
"场景 1"，回到主场景 1 中来。

步骤 9 完善场景动画

在主场景新建一个图层。在第 30 帧处按 F6 键，插入一个关键帧，在当前帧上，从库里
将"蝴蝶"影片剪辑拖曳至场景中。

选择所有图层的第 90 帧，按 F5 键插入帧，选择"蝴蝶"图层的第 90 帧插入关键帧，将当
前帧上的蝴蝶移动到预先设计好的位置上，如图 25-9 所示。

图   25-9

在第30帧处,将蝴蝶移动至画面上方的文档外面,以制作蝴蝶飞进来的效果。在图层上右击,在弹出的快捷菜单中选择"创建传统补间动画"选项。在第60帧处,按F6键插入关键帧,将蝴蝶移动至画面下方的荷花上并创建传统补间动画。此时,蝴蝶飞舞的路径是V字形的。

图 25-10

选择所有图层的第150帧,按F5键,插入帧。按Ctrl+S组合键,保存文件为cover.fla。按Ctrl+Enter组合键,预览动画。如果觉得蝴蝶的翅膀振动太慢,可以在库里双击打开,将翅膀的持续时间缩短2帧。

选择"蝴蝶"图层的第90帧,按F9键,在弹出的"动作"窗口里输入"stop();"程序(也可以像图25-10所示展开程序层级,双击输入程序语言),使动画在此停止。

步骤10　导入背景音乐

选择"文件"→"导入"→"导入到舞台"选项,选择素材中的"渔舟晚唱.mp3",单击"打开"按钮。

在"时间轴"面板最上方新建一个图层,选择第1帧,在"属性"面板的"声音"→"名称"下拉列表中选择刚才导入的音乐名称。再次按Ctrl+Enter组合键预览动画,就有声音了。

步骤11　制作按钮

在"时间轴"面板最上方新建一个图层,在第30帧处,按F6键,插入关键帧,选择工具栏上的"文字输入"工具,输入"进入网站"字样,在"属性"面板中,设置文字的字体为手写的书法字体样式,颜色为白色,大小为36号。将文字排列在竹简的卷轴中间位置,如图25-11所示。

图　25-11

数字多媒体技术基础

选择该文字,按 F8 键,将文字转换为按钮元件,命名为 BUT,单击"确定"按钮。然后双击该按钮,进入到按钮元件编辑场景中。在"指针经过"帧插入关键帧,修改文字颜色为浅灰色,在"按下"帧插入关键帧;在"点击"帧插入关键帧,并用矩形绘制一个矩形,将文字盖住,如图 25-12 所示。

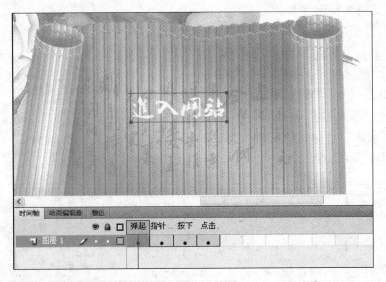

图　25-12

单击软件左上方的"场景 1",回到场景 1 中来,按钮就做好了。

步骤 12　为按钮设置链接

单击场景中的按钮元件,按 F9 键,展开"全局函数"→"影片剪辑控制"列表,双击 on,然后在下拉选项中选择 release;将光标停留在大括号里,展开"浏览器/网络",双击 get URL,在右侧输入要转向的地址即可,例如,"http://www.cgtow.com",如图 25-13 所示。

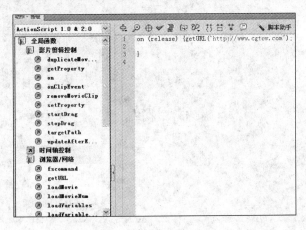

图　25-13

至此,网站的进入页面动画就做好了,可以将制作好的 cover.swf 文件插入到 Dreamweaver 软件制作的 HTML 页面中。

课堂练习

> **任务背景**：本课学习了互动网站片头动画的制作过程，充分运用了 Photoshop 软件和 Flash 软件的互相结合的优点。
>
> **任务目标**：请为自己策划制作一个网站，并制作一个网站片头动画。
>
> **任务要求**：画面美观大方，设计精致，内容充实，动画效果良好，有背景音乐。
>
> **任务提示**：充分利用各种软件的优势，取长补短，多在设计上下工夫，一定能制作出精美的作品来。

课后思考

（1）你知道还有其他辅助制作网站的软件吗？

（2）请为自己设计制作一个个人主页。

第 26 课　制作一个Flash影集——美术展相册

　　Flash 相册是当今家庭和市场都比较受欢迎的数字多媒体形式，它不仅可以用做家用型的纪念册，还可以用做商业上的企业电子宣传和产品宣传等。在网络上有不少 Flash 相册的模板可用，甚至有些网站可以自动生成电子相册，只要把照片传至该网络，一键就可以生成一本精美的电子相册了，而且还配有精美的特效。

课堂讲解

> **任务背景**：在前面几节课中，学习了不少图像处理方法，也掌握了在 Flash 里制作动画特效的方法，今天将进一步学习 Flash 互动电子相册的制作。
>
> **任务目标**：设计一个精美的 Flash 互动电子相册。
>
> **任务分析**：Flash 的互动需要借助 ActionScript 语言，学习简单 Flash 的 AS 语言的应用，用于控制按钮的交互行为。

　　Flash 具有强大的多媒体交互功能，界面简捷而易于操作。本课将通过 Flash CS4 来实现一个简单的电子相册制作，效果如图 26-1 所示。

步骤1　准备素材

　　首先，将所有素材图片统一尺寸。启动 Photoshop 软件，通过裁剪和调整大小功能，将素材统一调整为宽度 240 像素，高度 320 像素的尺寸，如图 26-2 所示。按照统一的命名方式保存图像。

步骤2　导入素材图，转换元件

　　启动 Flash CS4 软件，新建一个文档，在"属性"面板中设置舞台背景颜色为黑色，舞台宽度为 800 像素，高度为 600 像素。

　　选择"文件"→"导入"选项，导入素材中的"背景.jpg"，选择该图像，按 F8 键，将其转换为"图形"元件，如图 26-3 所示。

数字多媒体技术基础

图   26-1

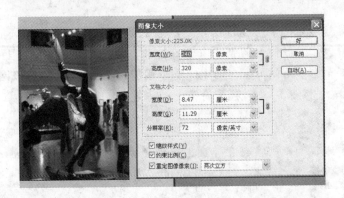

图   26-2

按照前面的导入方法，将"美术展"文件夹里的 7 张美术展图片导入到库中，并分别转换为"图形"元件，可以根据习惯统一设置元件的名称，这样方便管理，如图 26-4 所示。

图   26-3   图   26-4

步骤3　创建文字页面图形元件

书中每张纸都分为正反两页,本课制作的翻页效果的相册中也分为两页,分别是"图片展示"页面和"文字说明"页面。

按 Ctrl+F8 组合键,分别创建 7 页文字说明的影片剪辑 Movie Clip(页面数目和图片数目相同),按照一定规律,依次为每个影片剪辑命名。在这些影片剪辑里,分别输入相应图片的说明性文字,如图 26-5 所示。

输入文字后,单击工具栏上的选择工具按钮,然后选择"修改"→"变形"→"水平翻转"选项(如图 26-6 所示),这样为后面的翻书动画做准备。

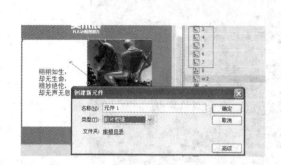

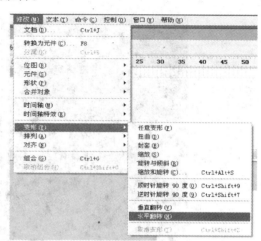

图　26-5　　　　　　　　　　　　　　　图　26-6

步骤4　创建翻书动画效果

翻书效果主要包括两个补间动画,前一个动作补间动画用来实现图片的前半段翻书效果,后一个动作补间动画用来实现文字书面图形元件的后半段翻书效果,这样形成一个完整的翻书效果。

按 Ctrl+F8 组合键,创建第一个翻书效果影片剪辑。按照统一规律为影片剪辑命名,单击"确定"按钮。

在"时间轴"面板上,单击"新建图层"图标按钮,创建图层。双击图层名修改图层名为1-2,在第 1 帧的时候,将第 1 张展示的图形元件从库里拖入到场景,靠右侧放置。在第20帧处,按 F6 键插入关键帧,按 Q 键移动变形框的中心点到图像的左侧边上。鼠标拖动右侧边框向左侧移动,使图像向屏幕前方旋转90°。在第 1 帧上右击,在弹出的快捷菜单中选择"创建传统补间动画"选项。

在第 21 帧处,按 F7 键,从库里将对应的说明文字影片剪辑拖曳到场景中,与前一张展示图像的左边对齐。在第 21 帧处,按 Q 键,移动变换图标框的中心点至右侧边上。在第40 帧处,按 F6 键,创建关键帧,同样按 Q 键,移动变换图标框的中心点至右侧边上。回到第 21 帧处,按 Q 键,移动图像的左边框向右侧拉动,直到图像向屏幕前方旋转约90°。在当前帧上右击,在弹出的快捷菜单中选择"创建传统补间动画"选项。

此时可以拖动时间指针,动画效果为一张画面翻过的背面显示文字效果。

数字多媒体技术基础

　　再创建一个图层,命名为 2,将下一张需要展示的图像从库里拖入到当前场景中来,在第 40 帧处,按 F5 键插入帧。

　　将图层移动到最下层,图层结构如图 26-7 所示。

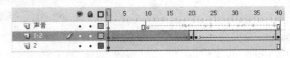

图　26-7

动画效果如图 26-8 所示。

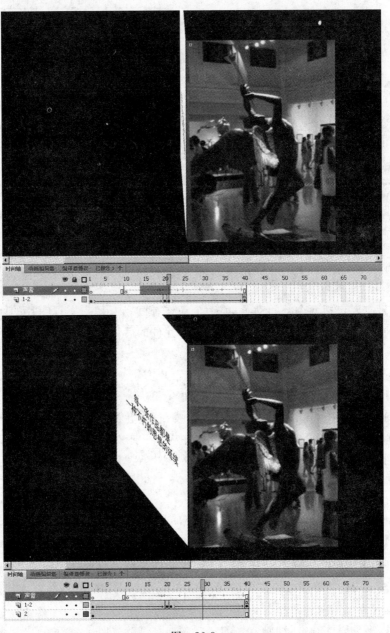

图　26-8

步骤5　创建声音图层

图层2中是下一页的静止图片。在图层顶端新建"声音"图层,在第10帧按F7键,插入空白关键帧。选择"文件"→"导入"选项,将声音素材"翻书声音"导入到库,单击第10帧,在"属性"面板中的"声音"下拉列表中选择当前导入的声音素材,"翻书声音"的声音文件将添加到舞台上。

用同样的方法,依次将后面的6张图片完成翻书效果。

步骤6　制作按钮

按Ctrl+F8组合键,分别创建两个按钮元件,为"下一页"和"返回"按钮。在创建按钮时,需要新建一个图层,将图层拖曳到最下层,用矩形工具为按钮加上背景颜色,如图26-9所示。

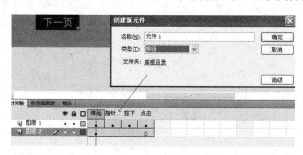

图　26-9

步骤7　制作相册交互动画

在"场景1"中,单击"新建图层"图标按钮,新创建12个图层,并依次命名。将"库"中的翻书影片剪辑元件拖放到相应的图层中。其中1~7图层为7个翻页影片剪辑,逐帧放置效果如图26-10所示。

创建"按钮"图层,从库中将"下一帧"按钮元件拖放到场景中来,放置在翻书元件的下方。"下一帧"按钮元件控制7个影片剪辑元件的播放,在最后一帧上按F6键,将"返回"按钮放在最后一帧上。

选择"下一帧"按钮元件,按F9键,在弹出的AS行为窗口中,设置按钮的具体代码,播放按钮动作脚本如下:

图　26-10

```
on(release){
    next Frame();
}
```

选择"返回"按钮元件,按F9键,在弹出的AS行为窗口中,设置按钮的具体代码,"返回首页"按钮的动作脚本如下:

```
on(release){
    goto And Play(1);
}
```

创建一个"动作"图层,在"动作"图层上按F6键,分别为各个帧创建关键帧,在每帧上按F9键,在弹出的AS行为窗口中,设置动作脚本为"stop();",它们和动作按钮脚本配合,

数字多媒体技术基础

实现对整个课件的交互控制。

按 Ctrl＋Enter 组合键,预览动画。按 Ctrl＋S 组合键,保存文件。

课堂练习

任务背景:通过 Flash 代码实现了简单的电子相册的制作,此外,还可以把它应用到制作课件动画以及演示动画等领域。

任务目标:根据本课学习内容,用 Flash 来制作一个电子相册。

任务要求:要求 ActionScript 代码使用无错误代码,声音配合良好,页数要在 5 页以上,整体与照片完美结合。

任务提示:代码写完后及时测试,防止出错。如果将页面设计得更精美更好看,也许能更吸引人。

课后思考

(1) ActionScript 2.0 与其他版本的语言有什么区别?

(2) 请为你喜欢的明星制作一个电子相册。

第 27 课 制作宣传光盘——企业宣传光盘

宣传光盘,是以企业或产品的演示与宣传为目的的多媒体演示光盘,宣传光盘具有容量大、体积小、易于传播、使用方便等众多优势,成为企业宣传的一个重要方式。

多媒体宣传光盘是将文字、图片、三维虚拟与视频和音频通过多媒体程序将这些元素有机地组织起来,使其具备交互性和更好的可视性的演示光盘。

课堂讲解

任务背景:我们已经掌握了不少图像处理和动画制作的方法,如果说前面所学的是前期准备工作,那么多媒体光盘的制作就是后期工作了。

任务目标:设计并制作一个数字多媒体光盘样式,以达到宣传信息的目的。

任务分析:多媒体宣传光盘有多种软件可以实现,无论使用什么样的工具来实现都不重要,重要的是找到更快捷简便的方法来达到制作目的。

目前可以实现多媒体光盘的软件、工具有很多,如 AutoPlay Media Studio、Multimedia Builder、Autorun Pro、Adobe Authorware 等。总的来说,以上工具各有不同,应用场合及功用也有所不同,其中功能最强大的是 Adobe Authorware,但因庞大而且操作复杂,Adobe 公司已经宣布停止继续开发(最终版本为 2003 年推出的 Authorware 7)。

Multimedia Builder 是一款制作多媒体程序的优秀软件,号称"多媒体建筑师"。它比较容易掌握,在当前深受用户喜欢。它的功能十分强大,具备"所见即所得"的编辑特性,都能制作出多风格的、互动式的多媒体光盘。下面使用 Multimedia Builder MP3 V 4.9.8 汉化版来实现宣传光盘的制作。

在制作光盘之前,先将需要刻录的资料整理好。

（1）创建文件夹。先在计算机上新建一个文件夹并命名为"名水华府宣传光盘"。然后进入该文件夹，在该文件夹中再次建立一些相应的子文件夹，如公司简介、楼盘简介、效果图展示、促销活动、联系我们、工具等。

（2）搜集需要刻录的文件。将要刻录到光盘上的软件、图片、MP3 歌曲等文件复制到相应的文件夹中。

（3）制作 ICO 图标文件。制作光盘时，如果给自己的光盘添加一个图标，使光盘放入光驱时，光驱的盘符会变成自己的图标，就更有个性了。可以用企业的标志，自己制作一个ICO 图标，然后将其保存在"工具"文件夹的根目录下。到此搜集素材的工作就结束了。

以下将使用软件来制作一个多媒体光盘的运行文件。

步骤 1　创建启动文件

首先启动 Multimedia Builder(MMB)，在主界面的工具栏中单击"模板" 🗋 按钮（或选择"文件"→"从模板新建"选项），弹出"从模板创建新方案"对话框，如图 27-1 所示。

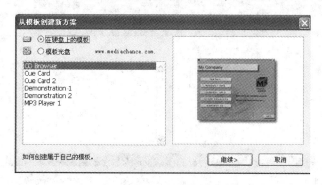

图　27-1

选中"在硬盘上的模板"单选按钮，随后选择模板框中的 CD Browser 选项，单击"继续"按钮，在出现的"项目向导"中依次输入项目名称为"名水华府 高尚自然人文居所"；公司名称为"名水华府 高尚自然人文居所"。填写一个地址和电话等相关信息后单击"完成"按钮，即可返回主界面。此时在主界面的操作区中已经生成一个封面设计界面，一个简单的电子封面就创建好了，如图 27-2 所示。

步骤 2　编辑页面属性

双击主界面下面"页面"框中的 Page1 图标，弹出"页面属性"对话框，在此对话框中根据需要进行相应的设置，如图 27-3 所示。

设置时首先取消"背景色"选项组中的"来自母版页面"选项，并单击"图像"框中的文件夹图标，选择一幅漂亮的图片来做电子封面的背景图片。选中"平铺"复选框，打开光盘中的"名水华府.jpg"作为背景。背景选好后单击下面的"页面过滤效果"下三角按钮，选择"燃烧的图像"为转场效果，并将转场延迟时间设置为默认的 500。

如果想在光盘启动时有背景音乐伴随，那么可以在"背景音乐"项中选择一个合适的音乐文件，程序支持 WAV、MP3 两种格式。要注意的是，输入后的 MP3 文件是绝对路径，如C：My Documents/jda.mp3，必须手动将其更改为〈SrcDir〉jda.mp3 这种相对路径格式（"〈SrcDir〉"变量一定要有）。这一步，也可以在后面批量更改路径时更改。

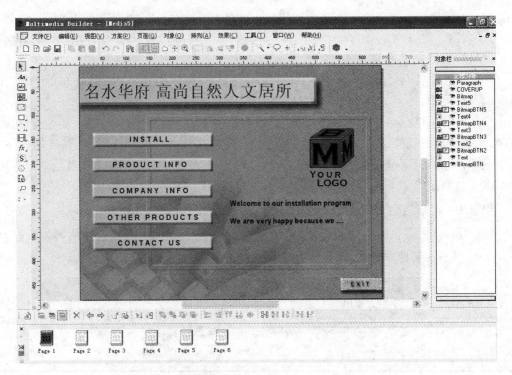

图　27-2

图　27-3

步骤 3　添加按钮与内容

接下来就要制作电子封面中相应的内容和按钮了。首先在操作区中将需要链接的按钮拖到合适的位置,并且用复制功能复制多个同样的按钮,摆放整齐。随后双击第一个按钮条上的文字,如 Install,弹出"文本属性"对话框,如图 27-4 所示。

在上面的文本框中改写按钮文字"楼盘简介",并选中下面的"激活动作"复选框。单击"外部命令及页面动作"按钮,弹出"外部命令及页面动作"对话框,在"鼠标点击时"下拉列表中选择"跳至某页(标签)"选项,如图 27-5 所示。

以后在该界面单击此按钮上的文字时,即可进入此界面。按照同样的方法对页面中的其他按钮进行设置,设置后的效果如图 27-6 所示。

图　27-4

图　27-5

图　27-6

单击进入 Page2 页面。该页面的按钮条和上一页有所不同，此页按钮条的作用不是跳转到其他页面，而是单击某一按钮时就会自动运行一些程序，或打开某一文件夹。设置这样的按钮条时，首先双击此按钮条上的文字，在弹出的"文本属性"对话框中输入文字后选中下面的"激活动作"复选框，并单击"外部命令及页面动作"按钮。弹出"外部命令及页面动作"对话框，在"鼠标点击时"下拉列表中选择"运行程序"选项，如图 27-7 所示。

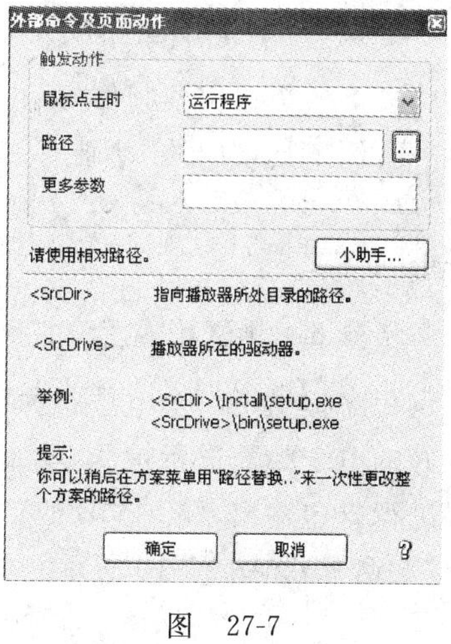

单击"路径"文本框后的"浏览"按钮，在弹出的对话框中选择前面搜集好的程序，并按照上面的方法将其改为相对路径，以后单击该按钮条上的文字即可安装此程序。按照此方法对其他页面中的按钮进行设置，设置后效果如

图　27-7

数字多媒体技术基础

图　27-8

图 27-8 所示。

步骤4　批量修改路径

刚才对每个按钮条都进行了动作设置,而且给每个按钮都添加了命令。但是输入的路径都是本地路径,制作成光盘后拿到其他计算机中就无法使用了,所以输入后还要将其改为相对路径。按照上面的方法手工一一进行修改比较麻烦,程序提供了一个批量修改路径功能。修改路径时选择"项目"列表中的"路径取代"选项,随后弹出"路径取代"对话框,在此单击需要修改的文件,在下面的"搜索匹配字串"文本框中便会出现该程序所在的文件夹路径(如 C：My Documents/Download)。将下面的"替换为"变为"〈SrcDir〉"变量,单击右侧的"全部替换"按钮即可将其替换。

步骤5　添加动画和按钮

以上各个按钮条制作好后,还要在该封面中添加一些动画效果,使其更加美观。添加时单击右侧工具条中的"动画 Gif"按钮,选择一个需要添加的动画文件即可。此外,还可以单击"星光"、"文本"、"位图"、"视频"等按钮来为该电子封面添加一些特殊效果,如图 27-9 所示。

步骤6　测试和输出文件

程序提供了一个电子封面"检测"功能,单击工具栏中的"检测性编译"按钮,可以对刚刚做好的电子封面进行检测,检查出各个按钮条的路径是否正确。检测无误后,就要对这些设置进行打包输出,在 MMB 的工具栏中单击"编译"按钮,弹出一个"检看方案及编译输出文件"对话框,如图 27-10 所示。

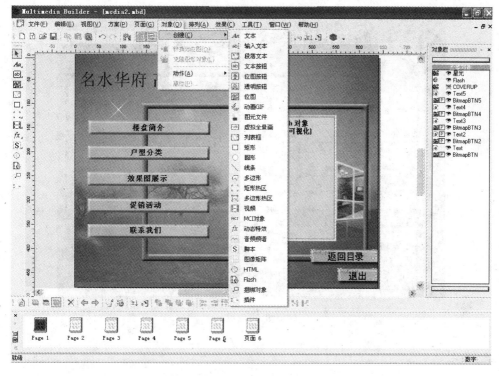

图 27-9

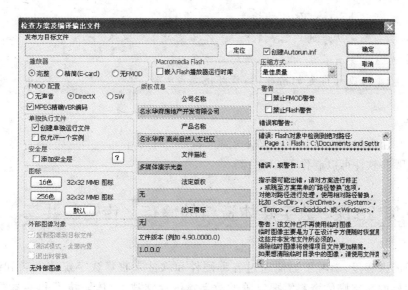

图 27-10

在"发布为目标文件"文本框中选择好输出程序的保存路径,选中"创建 Autorun. inf"复选框,有了这个文件以后该光盘即可自动运行了。单击"图标"项中的 256 色图标按钮,选择事先准备好的 ICO 图标文件,单击"确定"按钮,程序会自动生成 autorun. exe 和 autorun. inf 两个文件。至此,该多媒体演示光盘制作成功,效果如图 27-11 所示。

图　27-11

课堂练习

任务背景：通过第27课的内容，我们学习了多媒体光盘的制作方法，通过制作多媒体光盘可以为数字媒体的传播带来很多便利。

任务目标：根据本课所学的内容，制作一张作品集数字多媒体光盘。

任务要求：光盘中要有音乐、视频和程序文件。

任务提示：将界面设计得更加精美，细节可决定成败。

课后思考

（1）还有什么软件可以制作多媒体光盘？

（2）有哪些软件可以制作ICO图标？

第28课　数字媒体资料的储存、传输、共享

　　在前面的课程里，学习了如何通过各种硬件和软件来收集数字媒体资料和进行创作。收集和制作好的数字媒体资料需要完善的数字媒体存储技术、传输技术和共享技术来有效地保存和使用数字媒体，这些技术作为数字媒体技术的主要内容，为数字媒体的发展起到了巨大的推动作用。没有这些技术，数字媒体的资料只是一个梦想。例如，一部数码摄像机没有存储设备根本无法记录正在发生的事；没有了传输技术，现场直播根本无法实现；不能共享资料，电视台也无法很好地剪辑数字媒体资料。

课堂讲解

任务背景：在前面课程的学习中,学到了各种数字媒体的制作方法,也学会了数字媒体光盘的制作方法,现在该把作品进行存储和分享了。

任务目标：了解数字媒体资料的存储、传输和共享方法,对自己制作的数字媒体进行存储和共享。

任务分析：尝试使用多种方式去发布和分享你的作品。

数字媒体的储存是数字媒体技术的基础技术之一,数字媒体的储存是基于通用计算机的一种存储技术。伴随着计算机技术的不断发展,计算机存储系统也在迅速更新着。1950年世界上第一台具有存储程序功能的计算机 EDVAC 的主要特点是采用二进制,使用汞延迟线作存储器,指令和程序可存入计算机中。随后它经历了磁带、磁鼓、磁芯、磁盘、光盘的发展一直到现在正在开发的纳米存储技术。利用纳米存储技术制造的计算机存储材料体积更小、密度更大。这可以使未来计算机微型化,而且存储信息的功能更为强大,甚至可以在一个硬币大小的面积上存储 250 张 DVD 的内容,如图 28-1 所示。

计算机存储设备的不断更新换代,使它的储存速度和容量不断飞跃,计算机存储技术为数字媒体资料的储存提供了巨大支持,使数字媒体储存技术具备了高容量、高速度、微型化和多功能等特点。不断变大变快的存储,使数字摄像机可以拍摄更长和更清晰的数字视频,存储设备的微型化也为数码设备的微型化提供了可能。例如,现在数码相机中存储照片的介质尺寸为 24mm× 32mm× 2.1mm、重为 2 克的 SD 卡;手机中存储各种数字资料的TransFlash卡,它只有 SD 卡的 1/4,容量基本没有区别,只要通过读卡器,它可以在任何有USB 接口的计算机上读取资料。各种存储卡如图 28-2 所示。

图 28-1

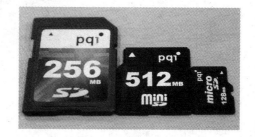

图 28-2

数字媒体资源的"共享",是数字媒体时代的一个重要关键词。共享,即分享,将一件物品或者信息的使用权或知情权与其他人共同拥有,有时也包括产权。而文件共享是指文件、文件夹或某个硬盘分区在网络环境下使用时的一种设置属性,一般指多个用户可以同时打开或使用同一个文件或数据。数字媒体资源的共享为数字媒体的发展提供了巨大的推动作用。网络传输站和文件中转站为共享提供了一个很好的舞台,例如,POCO 为国内用户及广大华语地区用户提供了一个适合中文环境的多媒体资源共享平台,完全支持中文软件及中文关键字搜索,并实现真正意义上的多点传输,传输效率大大提高。POCO 软件,不仅能够搜索和下载海量的音乐、影视、图片、软件、游戏等资源,还可以使用内置的 IM(即时通信)系统方便、快捷地与好友一起分享,如图 28-3 所示。

图　28-3

免费邮箱是当今网络空间最常用的形式,如今能上网的用户基本都有自己的邮箱,对于容量较小的数字媒体作品,用邮箱传送是很常见的。例如,常用的有网易邮箱、新浪邮箱、雅虎邮箱等。网易邮箱的界面如图 28-4 所示。

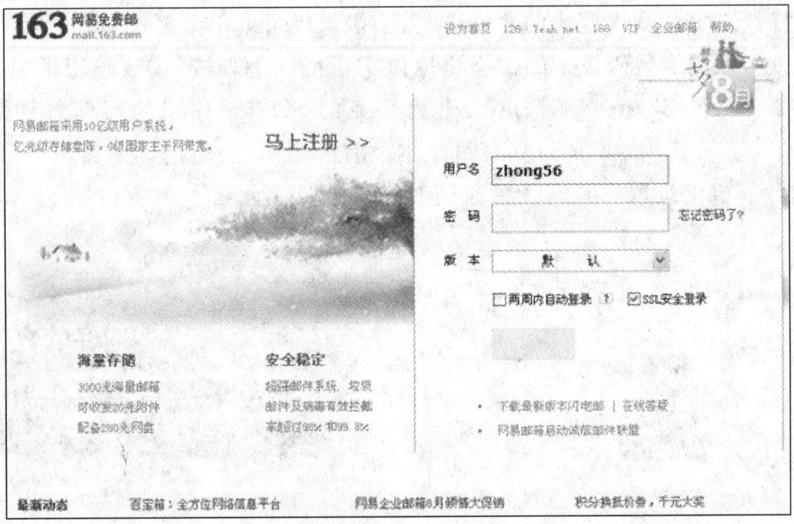

图　28-4

网络上很多免费空间也为数字媒体作品提供了存储空间,例如,常用的 QQ 中转站,可以存储至少 1 周的 1GB 空间。还有其他免费空间,例如,纳米盘等,只要注册一个用户名就可以享受几十 GB 的免费空间,如图 28-5 所示。

此外,QQ 空间的中转站,也是很多用户常用的传输方式之一,它最大可一次性支持 1GB 的文件,可以暂存 7 天。暂存时间快到时,还会及时地通知用户,非常人性化,其使用方法也是非常简捷,如图 28-6 所示。

网络共享与局域共享是数字媒体的主要共享方式,当然还有其他的共享方式,如无线网络共享和蓝牙传输。如果你拥有装有 Vista 系统的计算机,简单的操作就可以将计算机设置

图 28-5

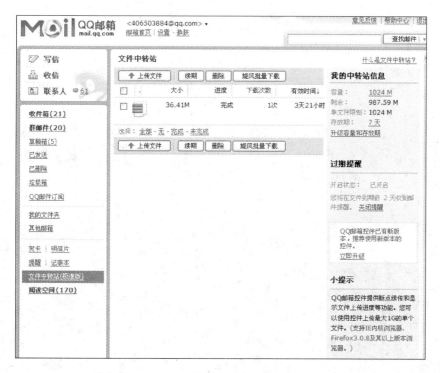

图 28-6

成为媒体服务器。Vista 本身具有支持 UPnP 点对点的网络,该功能配合 Media Player 11 的分目录功能,可以轻而易举地在局域网内分享音乐、图片以及视频。

当然现在的数字媒体技术是有局限的,我们所应用的数字媒体存储、传输和共享中还有许多的缺点和漏洞,这是发展中必须面对和解决的问题。

数字多媒体技术基础

课堂练习

任务背景：数字信息的存储方式是多种多样的。通过第28课的学习，了解了数字媒体的存储、传输和共享的方法。

任务目标：根据本课内容，通过网络搜索其他数字存储、传输和共享的方法，为自己准备足够的移动硬盘或者U盘。

任务要求：要求将自己的数字多媒体作品进行存储和共享。

任务提示：尝试使用网络硬盘存储大文件，尝试用多种方法传输和分享自己的作品。

课后思考

（1）还有什么其他的共享方式和平台？

（2）请列举至少3个网络硬盘。

第6章

课业设计

第29课 制作炫目影视宣传片头——幻城数码

影视宣传片头制作是当今比较热门的专业技能，多媒体设备的更新换代和数字媒体技术的发展带动了这一产业的兴起，特别是互联网络的发展，更是唤醒了影视动画业蒸蒸日上的美好前景。影视宣传片头可以应用于个人宣传、企业宣传、专题栏目宣传、电视广告等。它承载的信息量丰富，画面动感时尚，是极富视觉冲击力和表现力的一种宣传方式。

课堂讲解

> **任务背景：** 通过前面课程的学习，你一定掌握了不少技能，那么现在是大显身手的时刻了，开动脑筋，然后去做吧。
>
> **任务目标：** 掌握并能熟练运用常用的特效方式和技巧，能自主创作作品。
>
> **任务分析：** 有些特殊效果需要借助其他软件来实现。

步骤1 新建项目序列

打开 Adobe Premiere Pro CS4，在启动界面单击"新建项目"按钮，创建一个新项目文件，在"名称"文本框中输入项目名称"幻城数码"，选择项目保存的路径，保持其他选项不变，单击"确定"按钮。

在弹出的"新建序列"对话框中，选择视频的"编辑模式"为 DV PAL，"时间基准"为"25.00 帧/秒"，"像素纵横比"为 D1/DV PAL(1.0940)，"场"选择"下场优先"，保持其他选项不变，单击"确定"按钮，如图 29-1 所示。

步骤2 导入素材

在菜单中选择"文件"→"导入"选项（快捷键 Ctrl＋I），或在"项目"面板空白处双击，在弹出的"导入"对话框中选择"城市.psd"素材，单击"导入"按钮，当导入 PSD 文件时，系统会弹出"导入分层文件：城市"对话框，在"导入为"下拉列表中提供了"合并所有图层"、"合并图层"、"单个图层"和"序列" 4 个选项，这里选择"合并所有图层"选项，单击"确定"按钮，即可导入单个图层，如图 29-2 所示。

按照相同的方法，导入 logo.psd 素材文件。

在"项目"面板空白处双击，在弹出的"导入"对话框中选择 30.mov、54.mov 和 CR114.mov 视频素材，单击"导入"按钮，导入到"项目"面板中，单击"项目"面板下方的"新建文件

图　29-1

图　29-2

图　29-3

夹"按钮,新建一个文件夹,重命名为"素材",选择刚导入的视频素材拖曳到"素材"文件夹中,这样便于管理素材,如图 29-3 所示。

步骤3　编辑素材

在"项目"面板的"素材"文件夹中选择 54.mov 和 CR114.mov 视频素材拖曳到当前时间线编辑窗口视频轨道 1 和视频轨道 2 中,调整播放时间为 13 秒。复制视频轨道 2 中的素材 CR114.mov,粘贴到视频轨道 3 中,如图 29-4 所示。

选择视频轨道 1 中的素材 54.mov,在"特效控制台"选项卡中展开"运动"属性,调整参数如图 29-5 所示。

选择视频轨道 2 中的素材 CR114.mov,在"特效控制台"选项卡中展开"运动"属性,调整参数如图 29-6 所示。

选择视频轨道 3 中的素材 CR114.mov,在"特效控制台"选项卡中展开"运动"属性,调整参数如图 29-7 所示。

图 29-4 图 29-5

图 29-6 图 29-7

步骤 4 为视频轨道 3 中的素材 CR114.mov 添加视频特效

选择视频轨道 3 中的素材 CR114.mov,在效果窗口中选择"视频特效"→"变换"→"水平翻转"选项,拖曳到视频轨道 3 中的素材 CR114.mov 上,为其添加"水平翻转"视频特效,如图 29-8 所示。

此时效果如图 29-9 所示。

图 29-8 图 29-9

步骤 5 新建彩色蒙板

在菜单中选择"文件"→"新建"→"彩色蒙板"选项,新建一个彩色蒙板,在弹出的"新建彩色蒙板"对话框中设置参数如图 29-10 所示。

数字多媒体技术基础

单击"确定"按钮,在弹出的"颜色拾取"窗口中选择颜色为蓝色,单击"确定"按钮。

步骤6　编辑彩色蒙板

在"项目"窗口中选择"彩色蒙板"选项,拖曳到当前时间线编辑窗口的视频轨道 4 中,调整播放长度为 13 秒;在"特效控制台"选项卡中选择"透明度"→"混合模式"→"叠加"选项,如图 29-11 所示。

图　29-10

图　29-11

此时效果如图 29-12 所示。

步骤7　新建序列

在菜单中选择"文件"→"新建"→"序列"选项(快捷键 Ctrl+N),在弹出的"新建序列"对话框中设置序列名称为 final,在"常规"选项卡中设置参数,如图 29-13 所示。

步骤8　新建视频轨道

在轨道上右击,在弹出的对话框中选择"添加轨道"选项,弹出"添加视音轨"对话框,在"视频轨"选项中选择添加 6 条视频轨,单击"确定"按钮,如图 29-14 所示。

图　29-12

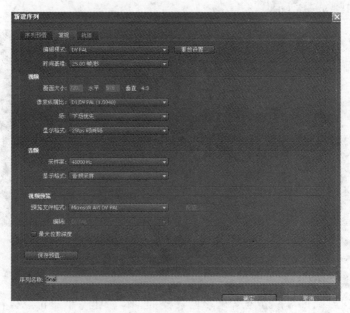

图　29-13

步骤 9　编辑素材，添加视频特效

在"项目"窗口中选择 30.mov 和"序列 01"文件，拖曳到当前时间线编辑窗口视频轨道 1 和视频轨道 2 中，调整 30.mov 的播放长度为 5 秒（如图 29-15 所示）；选择视频轨道 1 中的 "序列 01"文件，右击，在弹出的菜单中选择"解除音视频连接"选项，然后选择"音频轨"上的音频文件，按 Delete 键删除。

图　29-14

图　29-15

选择视频轨道 2 中的素材 30.mov，在效果窗口中选择"视频效果"→"FE 最终的效果"→ "FE 光线扫过"选项，拖曳到素材上，为其添加"FE 光线扫过"滤镜特效，在"特效控制台"选项卡中展开"FE 光线扫过"选项；调整参数如图 29-16 所示。

FE 最终的效果中的插件不是 Premiere 中的自带插件，都是第三方插件，这些插件网上都有下载，下载的插件大多都为 After Effects 插件，只需把这些插件后缀名改为".prm"，然后复制所有插件到 Premiere 安装目录的 Plug-ins 文件夹中的 en_US 文件夹下，重启 Premiere 就可以找到这些插件并使用了。

复制视频轨道 2 中素材 30.mov 上的"FE 光线扫过"滤镜特效，粘贴到视频轨道 1 中 "序列 01"文件上，为"序列 01"文件添加"FE 光线扫过"滤镜特效，在"特效控制台"选项卡中调整特效参数如图 29-17 所示。

图　29-16

图　29-17

步骤10　创建关键帧动画

选择视频轨道1中的"序列01"文件,在时间线3秒的位置,在"特效控制台"选项卡中单击"运动"→"位置"前的时间码按钮 ,添加位置关键帧,位置为"1083.0,288.0";在时间线4秒23帧的位置,单击"FE光线扫过"→"扫过强度"前的时间码按钮 ,添加关键帧,扫过强度为79.0%;在时间线5秒的位置添加关键帧,位置为"360.0,288.0",扫过强度为0.0%,如图29-18所示。

图　29-18

选择视频轨道2中的30.mov素材,在时间线3秒的位置,在"特效控制台"选项卡中单击"运动"→"位置"前的时间码按钮 ,添加位置关键帧,位置为"360.0,288.0",如图29-19所示;在时间线5秒的位置添加关键帧,位置为"-363.0,288.0"。

步骤11　新建字幕文件

在菜单中选择"文件"→"新建"→"字幕"选项(快捷键Ctrl+T),新建一个字幕文件,在弹出的"新建字幕"对话框中设置参数如图29-20所示。

图　29-19

图　29-20

单击"确定"按钮,在弹出的字幕编辑对话框中选择"文字工具"选项,在窗口中输入"幻城数码",在"字幕样式"面板中选择文字的样式,在"字幕属性"面板中设置文字的属性如图29-21所示。

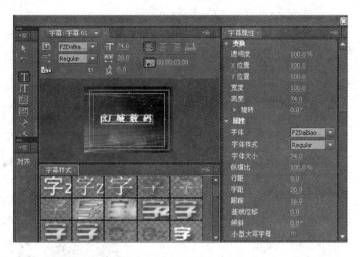

图　29-21

步骤 12　编辑"字幕 01"

在"项目"窗口中选择"字幕 01"素材,拖曳到当前时间线编辑窗口视频轨道 3 中,调整播放长度为 5 秒。

步骤 13　安装 Shine 滤镜特效插件

在素材文件夹中,双击 Shine 的安装图标(如图 29-22 所示),在弹出的窗口中,单击 Next 按钮。

在弹出的窗口中,选择 Premiere 的安装文件夹,将当前的滤镜插件安装在 Plug-ins 文件夹下的 en_US 文件夹里,单击"确定"按钮,如图 29-23 所示。

然后再次安装 Shine 文件夹下的注册表文件,如图 29-24 所示。

图　29-22

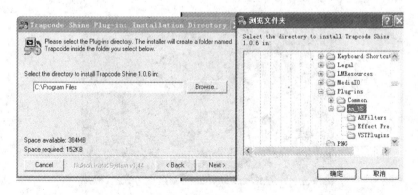

图　29-23

单击"是"按钮,重新启动 Premiere 软件,这样就可以在效果窗口中看到安装的 Shine 特效插件了。

步骤 14　为"字幕 01"添加 Shine 滤镜特效,创建关键帧动画

选择视频轨道 3 中的素材"字幕 01",在效果窗口中选择"视频特效"→Trapcode→Shine 选项,拖曳到"字幕 01"素材上,为"字幕 01"添加 Shine 滤镜特效,在"特效控制台"选项卡中 调整 Shine 滤镜特效参数如图 29-25 所示。

图　29-24　　　　　　　　　　　　　　图　29-25

选择视频轨道 3 中的素材"字幕 01",将时间指针停留在第 13 帧的位置,在"特效控制 台"选项卡中单击 Shine→Ray Length 前的时间码按钮 🕐 添加位置关键帧,将 Ray Length 的值设置为 0.0;将时间指针停留在第 15 帧的位置,设置 Ray Length 值为 4.0。单击 Source Point 前的时间码按钮 🕐 添加关键帧,设置 Source Point 值为"0.0,288.0";将时间 指针停留在 2 秒的位置,设置 Ray Length 值为 4.0,设置 Source Point 值为"720.0,288.0";将 时间指针停留在 2 秒 2 帧的位置,设置 Ray Length 值为 0.0;在时间指针停留在 2 秒 16 帧 的位置,单击"透明度"前的时间码按钮 🕐 添加关键帧,设置透明度值为 100.0%;将时间指 针停留在 3 秒 10 帧的位置,设置透明度值为 0.0%,如图 29-26 所示。

图　29-26

选择视频轨道 3 中的素材"字幕 01",在效果窗口中选择"预置"→"模糊"→"快速模糊 入"选项,拖曳到"字幕 01"素材上,为"字幕 01"添加"快速模糊入"滤镜特效。

步骤 15 新建字幕文件

在菜单中选择"文件"→"新建"→"字幕"选项(快捷键 Ctrl+T),新建一个字幕文件,在弹出的"新建字幕"窗口中设置参数如图 29-27 所示。

单击"确定"按钮,在弹出的字幕编辑窗口中选择"文字工具"选项,在窗口中输入"想到,做到",在"字幕样式"面板中选择文字的样式,在"字幕属性"面板中设置文字的属性,如图 29-28 所示。

图 29-27

图 29-28

按照相同的方法新建一个字幕文件 Image & Create。

步骤 16 编辑素材"城市.psd"、Image & Create 和"想到,做到"

在"项目"窗口中选择"城市.psd"、Image & Create 和"想到,做到",拖曳到当前时间线编辑窗口中视频轨道 4、视频轨道 5 和视频轨道 6 中,在时间线 3 秒 15 帧的位置,整体移动视频轨道 4 中的素材"城市.psd",使其开始点位于 3 秒 15 帧的位置;在时间线 5 秒的位置,整体移动视频轨道 6 中的素材"想到,做到",使其开始点位于 5 秒的位置;在时间线 6 秒 11 帧的位置,整体移动视频轨道 5 中的素材 Image & Create,使其开始点位于 6 秒 11 帧的位置;选择视频轨道 4、视频轨道 5 和视频轨道 6 中的素材,延长播放时间至 13 秒的位置,如图 29-29 所示。

步骤 17 创建关键帧动画

选择视频轨道 4 中的素材"城市.psd",在时间线 4 秒 15 帧的位置,在"特效控制台"选项卡中单击"运动"→"位置"和"透明度"前的时间码按钮 🕒,添加关键帧,位置为"554.0,204.0",透明度为 0.0%;在时间线 5 秒 24 帧的位置,设置透明度为 100.0%;在时间线 8 秒 20 帧的位置,设置透明度为 100.0%;在时间线 9 秒 8 帧的位置添加关键帧,位置为"360.0,204.0";在时间线 10 秒的位置,设置透明度为 0.0%,如图 29-30 所示。

数字多媒体技术基础

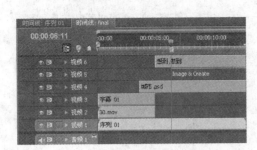

图 29-29

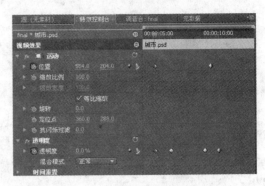

图 29-30

选择视频轨道 5 中的素材 Image & Create,在时间线 6 秒 11 帧的位置,在"特效控制台"选项卡中展开"运动"属性,取消选中"等比缩放"复选框,单击"缩放宽度"前的时间码按钮 ,添加关键帧,设置缩放宽度为 193.0;在时间线 7 秒 23 帧的位置,单击"透明度"前的时间码按钮 ,添加关键帧,设置透明度为 100.0%;在时间线 8 秒 7 帧的位置,设置缩放宽度为 78.0;在时间线 8 秒 20 帧的位置,设置透明度为 0.0%,如图 29-31 所示。

选择视频轨道 6 中的素材"想到,做到",在"特效控制台"选项卡中展开"运动"属性,调整位置为"360.0,299.0",取消选中"等比缩放"复选框。

在时间线 5 秒的位置,单击"缩放宽度"前的时间码按钮 ,添加关键帧,设置缩放宽度为 193.0;在时间线 6 秒 12 帧的位置,单击"透明度"前的时间码按钮 ,添加关键帧,设置透明度为 100.0%;在时间线 6 秒 21 帧的位置,设置缩放宽度为 78.0;在时间线 7 秒 9 帧的位置,设置透明度为 0.0%,如图 29-32 所示。

图 29-31

图 29-32

步骤 18　新建黑场,添加视频特效,创建关键帧动画

在菜单中选择"文件"→"新建"→"黑场"选项,新建一个黑场。

在"项目"窗口中选择"黑场",拖曳到当前时间线编辑窗口中的视频轨道 7 中,整体往后移动,使其开始点位于时间线 5 秒的位置,延长其播放长度至 13 秒。

选择视频轨道 7 中的"黑场",在效果窗口中选择"视频特效"→"生成"→"镜头光晕"选项,拖曳到视频轨道 7 中的素材"黑场"上,为"黑场"添加"镜头光晕"滤镜特效,在"特效控制台"选项卡中调整"镜头光晕"滤镜特效参数如图 29-33 所示。

选择视频轨道 7 中的"黑场",在时间线 9 秒的位置,在"特效控制台"选项卡中单击"镜头光晕"→"光晕中心"前的时间码按钮 ，添加关键帧，设置光晕中心为"785.0,288.0"；在时间线 10 秒的位置，设置光晕中心为"-121.0,288.0"，如图 29-34 所示。

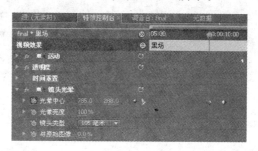

图 29-33　　　　　　　　　　　　图 29-34

步骤 19　新建彩色蒙板，创建关键帧动画

在菜单中选择"文件"→"新建"→"彩色蒙板"选项，新建一个彩色蒙板，在弹出的"新建彩色蒙板"窗口中设置名称为 baise，单击"确定"按钮，在弹出的颜色窗口中设置颜色为"白色"，单击"确定"按钮。

在项目窗口中选择 baise 素材文件，拖曳到当前时间线编辑窗口的视频轨道 8 中，在时间线 9 秒 6 帧的位置，整体移动 baise 素材，使其开始点位于时间线 9 秒 6 帧的位置，调整播放长度至 13 秒。

选择视频轨道 8 中的素材 baise，在时间线 9 秒 14 帧的位置，在"特效控制台"选项卡中单击"透明度"前的时间码按钮 ，添加关键帧，设置透明度为 0.0%；在时间线 10 秒 2 帧的位置，设置透明度为 100.0%，如图 29-35 所示。

步骤 20　编辑 logo.psd 素材，添加 Shine 滤镜特效，创建关键帧动画

在项目窗口中选择 logo.psd 素材，拖曳到当前时间线编辑窗口的视频轨道 9 中，在时间线 10 秒 5 帧的位置，整体移动 logo.psd 素材，使其开始点位于 10 秒 5 帧的位置，调整播放长度至 13 秒的位置。

选择视频轨道 9 中的素材 logo.psd，在效果窗口中选择"视频特效"→Trapcode→Shine 选项，拖曳到 logo.psd 素材上，为 logo.psd 添加 Shine 滤镜特效，在"特效控制台"选项卡中调整 Shine 滤镜特效参数，如图 29-36 所示。

图 29-35　　　　　　　　　　　　图 29-36

选择视频轨道 9 中的素材 logo. psd,在时间线 10 秒 5 帧的位置,在"特效控制台"选项卡中单击"运动"→"缩放比例"和"透明度"选项前的时间码按钮 ,添加关键帧,设置缩放比例为 45.0,透明度为 0.0%;在时间线 10 秒 24 帧的位置,设置透明度为 100.0%;在时间线 11 秒 12 帧的位置,单击 Shine→Ray Length 前的时间码按钮 ,添加关键帧,设置Ray Length 为 0.0%;在时间线 11 秒 13 帧的位置,单击 Source Point 前的时间码按钮 ,添加关键帧,设置缩放比例为 110.0,Ray Length 为 1.5%,Source Point 为"0.0,148.0";在时间线 12 秒 6 帧的位置,设置 Source Point 为"441.0,148.0",Ray Length 为 1.5%;在时间线 12 秒 8 帧的位置,设置 Ray Length 为 0.0%,如图 29-37 所示。

步骤 21 添加背景音乐

在"项目"窗口中空白处双击,在弹出的"导入"窗口中选择背景音乐素材 38. wav,单击"打开"按钮,导入文件到项目窗口中。

在"项目"窗口中选择 38. wav 素材,拖曳到当前时间线编辑窗口的音频轨道 1 中,调整其播放长度为 15 秒,如图 29-38 所示。

 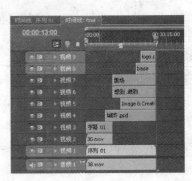

图 29-37   图 29-38

步骤 22 保存预览最终效果

在菜单中选择"文件"→"保存"选项(快捷键 Ctrl+S),保存文件,按 Enter 键或 Space键预览最终效果,如图 29-39 所示。

图 29-39

课堂练习

任务背景：本课学习了影视片头的制作方法，详细讲解了操作步骤和方法，影视片头的表现形式多样，你也可以试着制作一个。

任务目标：请按照本课的教程实例方法，自主制作一个片头。

任务要求：剪辑精细，制作精美，画面颜色饱和明亮，画面和音乐有节奏感。

任务提示：有些特殊效果 Premiere 实现不了，需要借助其他软件来实现，例如本课中的字幕特效是在 After Effects 里完成的。

课后思考

（1）如何把握画面与音乐的节奏？

（2）你在电视上看到的影视片头一般都有哪些特点？

第 30 课 制作 Flash 个人主页——我的作品集

在这一课中将学习用 Flash 制作一个互动的个人主页，通过按钮来连接各个页面的跳转，并能实现优美互动的动画效果。此方法不仅可以用做个人主页，还可延伸至企业宣传、产品宣传、图片展示等用途。通过这一简单实例，感受 Flash 应用程序的魅力。

课堂讲解

任务背景：Flash 个人主页有生动活泼、形象有趣的特点，它配合强大的图像处理软件 Photoshop 可以制作出画面精美、生动活泼的动画页面，非常适合个人作品的展示以及广告宣传等，是初学动画和互动页面设计的首选软件。

任务目标：设计制作一个 Flash 个人主页。

任务分析：制作 Flash 个人主页主要由 Flash 的 ActionScript 语言来实现，同时 Flash 的影片剪辑等的"嵌套"功能也扮演了非常重要的角色。

步骤 1 打开 Flash 8.0 软件，新建 Flash 文档

打开 Flash 8.0 软件，在主窗口的"创建新项目"下选择"Flash 文档"选项，或在菜单中选择"文件"→"新建"选项（快捷键 Ctrl＋N），创建一个新的 Flash 文档，如图 30-1 所示。

新建文档后，打开"属性"面板，在"属性"面板中单击大小后的按钮，弹出"文档属性"对话框，设置文档的尺寸为 900（宽）×400（高）；背景颜色为黑色，如图 30-2 所示。

注意保存文件，快捷键为 Ctrl＋S。

步骤 2 导入素材文件

在菜单中选择"文件"→"导入"→"导入到库"选项，弹出"导入到库"对话框，在对话框中选择所有需要编辑的素材图片，单击"打开"按钮，导入素材图片到库中，按快捷键 F11 或 Ctrl＋L 组合键调出"库"面板，就可以在"库"面板中看到导入的素材图片，如图 30-3 所示。

图　30-1

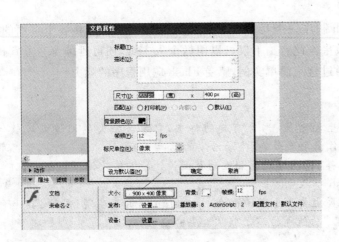

图　30-2

图　30-3

步骤 3　新建文字图层，编辑文字，创建补间动画

在"场景 1"中单击时间轴窗口左下方的"新建图层"按钮 ，新建一个图层，在工具栏中选择文本工具，按快捷键 T，在场景中输入 WELCOME，在属性窗口中调整文字的属性，如图 30-4 所示。

选择"图层 11"中的文字，按 Ctrl＋B 组合键打散文字，再按 Ctrl＋Shift＋D 组合键，分散到图层，如图 30-5 所示。

调整层的排列位置，分别选择 W、E、L、C、O、M 和 E 层上的文字，按 F8 键，将文字转换成图形文件；在时间线 10 帧的位置，选择 W、E、L、C、O、M 和 E 层上的第 10 帧，按 F6 键，添加关键帧，如图 30-6 所示。

依次选择 W、E、L、C、O、M 和 E 层上的第 1 帧右击，在弹出的快捷菜单中选择"创建补间动画"选项。

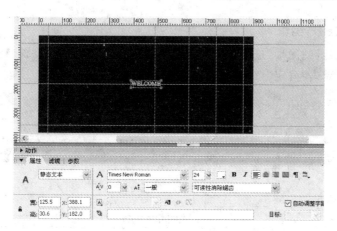

图 30-4

图 30-5

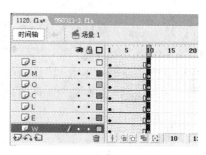

图 30-6

选择 E 层的多由关键帧,往后移动 2 帧;选择 L 层的多由关键帧,往后移动 5 帧;选择 C 层的多由关键帧,往后移动 8 帧;选择 O 层的多由关键帧,往后移动 10 帧;选择 M 层的多由关键帧,往后移动 12 帧;选择 E 层的多由关键帧,往后移动 14 帧,移好后的位置如图 30-7 所示。

步骤 4　绘制星星图形

单击"时间轴"窗口左下方的"新建图层"按钮，新建 1 个图层,重命名为"星星"层,用矩形工具在场景中绘制一个星星图形,如图 30-8 所示。

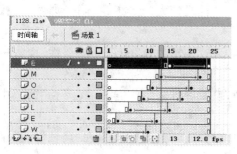

图 30-7

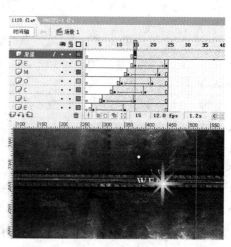

图 30-8

数字多媒体技术基础

步骤5　创建影片剪辑

选择"星星"层上的图形,按 F8 键,弹出"转换为元件"对话框,设置名称为 xingx01,类型为"影片剪辑",单击"确定"按钮,如图 30-9 所示。

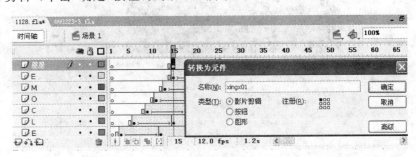

图　30-9

双击打开 xingx01 影片剪辑编辑场景中,选择"图层 1"中的图形,按 F8 键,转换成图形元件 XX、按 Ctrl＋T 组合键,调出"变形"选项卡,设置比例为 20%。

单击"时间轴"面板左下方的"新建图层"按钮 ,连续新建 7 个图层,复制"图层 1"上的图形元件,分别粘贴到"图层 2"至"图层 8"中(注：按 Ctrl＋Shift＋V 组合键可以使图形粘贴到当前位置)。

选择"图层 1"至"图层 8"的第 20 帧,按 F6 键,插入关键帧。选择"图层 1"的第 20 帧,按 Ctrl＋T 组合键,调出"变形"选项卡,设置旋转为"90.0 度",在"属性"面板中调整 X 为 170.6,Y 为 12.2,如图 30-10 所示。

图　30-10

选择"图层 2"的第 20 帧,在"属性"面板中调整 X 为 190.6,Y 为 45.2。

选择"图层 3"的第 20 帧,在"变形"选项卡中,设置旋转为"150.0 度",在"属性"面板中调整 X 为 190.8,Y 为 19.1。

选择"图层 4"的第 20 帧,在"变形"选项卡中,设置旋转为"－120 度",在"属性"面板中调整 X 为 203.0,Y 为－8.9。

选择"图层 5"的第 20 帧,在"变形"选项卡中,设置旋转为"120 度",在"属性"面板中调整 X 为 200.8,Y 为 58.1。

选择"图层 6"的第 20 帧,在"变形"选项卡中,设置旋转为"120 度",在"属性"面板中调整 X 为 148.9,Y 为 52.1。

选择"图层 7"的第 20 帧,在"变形"选项卡中,设置旋转为"120 度",在"属性"面板中调整 X 为 220.0,Y 为 80.0。

选择"图层8"的第20帧,在"变形"选项卡中,设置旋转为"120.0度",在"属性"面板中调整X为190.0,Y为70.0。

选择"图层1"中的所有帧,往后移动1帧;选择"图层2"中的所有帧,往后移动2帧;选择"图层3"中的所有帧,往后移动4帧;选择"图层4"中的所有帧,往后移动2帧;选择"图层5"中的所有帧,往后移动3帧;选择"图层6"中的所有帧,往后移动4帧;选择"图层7"中的所有帧,往后移动2帧;选择"图层8"中的所有帧,往后移动4帧。调整后的效果如图30-11所示。

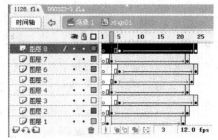

图　30-11

步骤6　新建按钮图层,编辑影片剪辑动画

回到场景1中,单击"时间轴"面板左下方的"新建图层"按钮 ，新建1个图层,重命名为"按钮"层,在25帧的位置按F6键,插入关键帧,用文字工具在场景中输入WELCOME,调整其位置,保持选择状态,按F8键,弹出"转换为元件"对话框,设置名称为button,类型为"按钮",单击"确定"按钮,如图30-12所示。

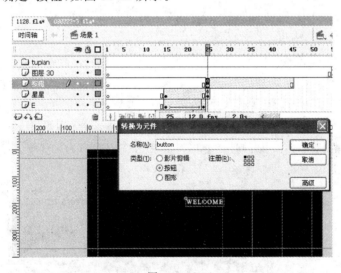

图　30-12

双击打开button影片剪辑编辑场景中,分别在"指针经过"、"按下"和"点击"处插入关键帧,选择"按下"处的关键帧,单击场景中的文字,在"属性"面板中调整文字的颜色为绿色。

选择"指针经过"处的关键帧,单击场景中的文字,按F8键,弹出"转换为元件"窗口,设置名称为mc,类型为"影片剪辑",单击"确定"按钮。

双击进入mc影片剪辑编辑场景中,选择"图层1"中的文字,按F8键,转换为图形元件,双击进入该元件编辑窗口,在第3帧的位置,按F6键插入关键帧,在第2帧和第4帧的位置,分别插入空白关键帧,如图30-13所示。

图　30-13

数字多媒体技术基础

回到 mc 场景中,单击"时间轴"面板左下方的"新建图层"按钮,新建 3 个图层,选择"图层 2",在工具栏中选择椭圆形工具,按住 Shift 键在场景中绘制一个宽为 14.0;高为 14.0 的小正圆形,调整其适当的位置;在第 10 帧,按 F6 键,插入关键帧,按 Ctrl＋T 组合键打开"变形"选项卡,在选项卡中设置比例为 1237.3。

复制"图层 2"中的圆形,分别粘贴到"图层 3"和"图层 4"中。选择"图层 2"、"图层 3"和"图层 4"的第 10 帧,打开"颜色"面板,调整 Alpha 为 0%;选择"图层 2"、"图层 3"和"图层 4"的第 1 帧,在"属性"面板中设置补间为"形状",创建形状补间动画。

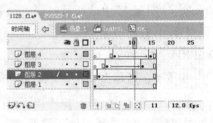

图 30-14

选择"图层 2"的所有关键帧,往后移动 1 帧;选择"图层 3"的所有关键帧,往后移动 3 帧;选择"图层 2"的所有关键帧,往后移动 5 帧;选择所有图层的第 16 帧,按 F5 键插入帧,使其延长至 16 帧的位置,如图 30-14 所示。

回到场景 1 中,选择"按钮"层,在第 45 帧的位置,按 F5 键插入帧,使其延长至 45 帧的位置。

步骤 7　新建背景图层

回到场景 1 中,单击"时间轴"面板左下方的"新建图层"按钮,新建 2 个图层,重命名为"背景 1"和"背景 2",拖曳"背景 1"和"背景 2"至底层。

步骤 8　编辑背景图像

在菜单中选择"文件"→"导入"→"导入到库"选项,在弹出的"导入到库"窗口中选择"背景.jpg"文件,单击"打开"按钮,导入背景文件。

选择"背景 1"层,在"库"面板中选择"背景.jpg"图像素材,拖曳到场景中,选择场景中的背景图像,按 Ctrl＋T 组合键,调出"变形"选项卡,调整变形为 105.0%;在"属性"面板中调整 X 为－3.6,Y 为 196.0,如图 30-15 所示。

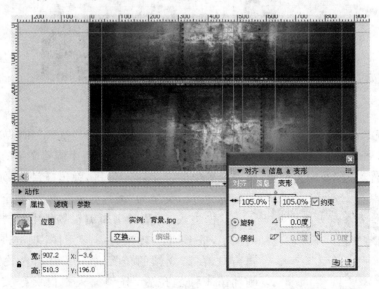

图　30-15

选择"背景2"层,在"库"面板中选择"背景.jpg"图像素材,拖曳到场景中,选择场景中的背景图像,按Ctrl+T组合键,调出"变形"选项卡,调整变形为105%,旋转为"180.0度";在"属性"面板中调整X为−3.8,Y为−315.3,如图30-16所示。

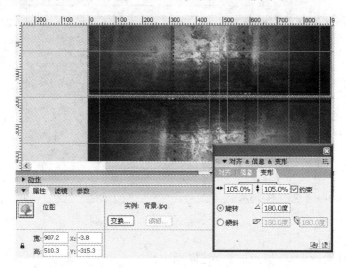

图 30-16

选择"背景1"层中的图像素材,按F8键,转换成图形元件;选择"背景2"层中的图像素材,按F8键,转换成图形元件。

在时间轴第46帧和第55帧的位置,按F6键,分别为"背景1"和"背景2"层插入关键帧,选择"背景1"层第55帧的关键帧,在"属性"面板中调整Y轴为420.7;选择"背景2"层第55帧的关键帧,在"属性"面板中调整Y轴为−513.3;选择"背景1"和"背景2"层第46帧的关键帧,在帧上右击,在弹出的快捷菜单中选择"创建补间动画"选项,这样就创建了一个向两边打开的补间动画,如图30-17所示。

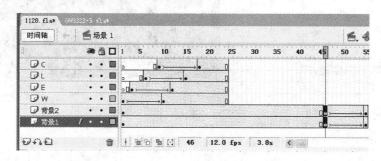

图 30-17

步骤9 创建"按钮"层动作命令

选择"按钮"层,单击场景中的按钮元件,打开"动作"面板,在"动作"面板中输入stop();命令,如图30-18所示。

步骤10 编辑素材图片

在"时间轴"窗口中单击窗口下方最左边的"插入图层"按钮,连续插入10个图层,重

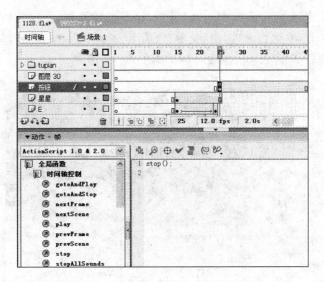

图 30-18

命名为01、xiao01至xiao09层,在"图层"面板中新建一个文件夹,把01、xiao01至xiao09层拖曳到这个文件夹中,这样做是为了便于后面管理,如图30-19所示。

选择01层,在第55帧的位置,按F6键插入关键帧;在"库"面板中选择01.jpg素材,拖曳到场景1中,在工具栏中选择"任意变形工具(Q)",按住Shift键对图像进行等比缩放,然后移动图像到适当的位置,也可以先拉辅助线,然后再对图像进行缩放和移动,如图30-20所示。

图 30-19

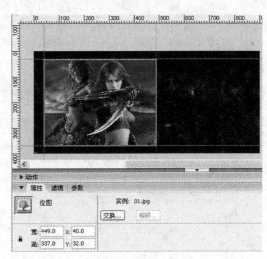

图 30-20

选择xiao01层,在第55帧的位置,按F6键插入关键帧;在"库"面板中选择01-1.jpg图像,拖曳到场景1中,调整其位置;按照相同的方法为xiao02至xiao09层添加图像02-1、03-1、04-1、05-1、06-1、07-1、08-1、09-1 JPG图像素材,最后调整位置如图30-21所示。

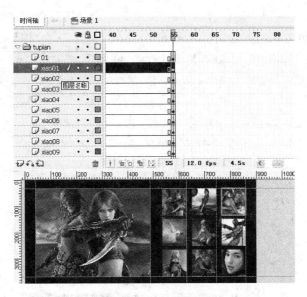

图 30-21

步骤 11 创建 mcc 影片剪辑文件

选择 01 层中的图像素材，按 F8 键，弹出"转换为元件"窗口，设置名称为 mcc，类型为"影片剪辑"，如图 30-22 所示。

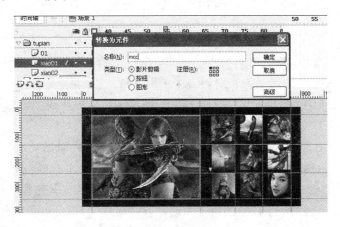

图 30-22

选择"图层 1"中的 mcc 影片剪辑文件，在"属性"面板中设置实例名称为 mcc，这里如果不设置好，后面做起来会很麻烦，如图 30-23 所示。

图 30-23

在场景中双击 mcc 影片剪辑,进入 mcc 影片剪辑编辑场景中,在"时间轴"面板中单击下方的"新建图层"按钮 ,连续新建 8 个图层,选择"图层 2",在"库"面板中选择 02.jpg 图像,拖曳到 mcc 影片剪辑场景中,调整其大小位置和"图层 1"中的图像一样。按照相同的方法为"图层 3"至"图层 9"添加 03-1、04-1、05-1、06-1、07-1、08-1 和 09-1 JPG 图像素材,调整图像大小和位置。

选择"图层 1",按 F8 键,弹出"转换为元件"窗口,设置名称为 01,类型为"图形",单击"确定"按钮,将"图层 1"中的图像转换为图形文件,如图 30-24 所示。

图　30-24

选择"图层 2",按 F8 键,弹出"转换为元件"窗口,设置名称为 02,类型为"图形",单击"确定"按钮,将"图层 2"中的图像素材转换为图形文件。

按照相同的方法将"图层 3"至"图层 9"中的图像素材全部转换为图形文件,以便后面做补间动画。

这里需要给所有层上的第 1 个关键帧设置帧标签,此为后面做动画链接所需要。选择"图层 1"中的第 1 关键帧,在"属性"面板中设置帧的标签为 aa;选择"图层 2"中的第 1 关键帧,在"属性"面板中设置帧的标签为 bb;选择"图层 3"中的第 1 关键帧,在"属性"面板中设置帧的标签为 cc;选择"图层 4"中的第 1 关键帧,在"属性"面板中设置帧的标签为 dd;选择"图层 5"中的第 1 关键帧,在"属性"面板中设置帧的标签为 ee;选择"图层 6"中的第 1 关键帧,在"属性"面板中设置帧的标签为 ff;选择"图层 7"中的第 1 关键帧,在"属性"面板中设置帧的标签为 gg;选择"图层 8"中的第 1 关键帧,在"属性"面板中设置帧的标签为 hh;选择"图层 9"中的第 1 关键帧,在"属性"面板中设置帧的标签为 pp,如图 30-25 所示。

选择所有图层的第 15 帧,按 F6 键,在 15 帧位置插入关键帧,如图 30-26 所示。

选择"图层 1"的第 15 帧位置上的关键帧,打开"动作"面板,在"动作"面板中添加 stop();命令;依次选择"图层 2"至"图层 9"的第 15 帧位置上的关键帧,分别添加 stop();命令,如图 30-27 所示。

接下来需要做一个从暗到明的过渡补间动画,选择"图层 1"至"图层 9"的第 1 个关键帧,单击场景中的图像,在"属性"面板中设置颜色为 Alpha,Alpha 设置值为 0%,如图 30-28 所示。

图 30-25

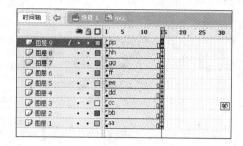

图 30-26

图 30-27

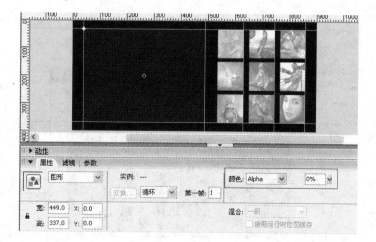

图 30-28

数字多媒体技术基础

保持选择不变,在帧上右击,在弹出的快捷菜单中选择"创建补间动画"选项,为所有层添加补间动画,这样打开图像的时候就会显示一个从暗到明的过程,如图30-29所示。

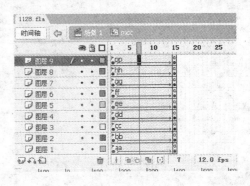

图 30-29

选择"图层2"上的所有帧,按住鼠标左键不放,往后移动15帧;选择"图层3"上的所有帧,按住鼠标左键不放,往后移动30帧;以此类推,分别移动"图层4"至"图层9"上的所有帧,最后效果如图30-30所示。

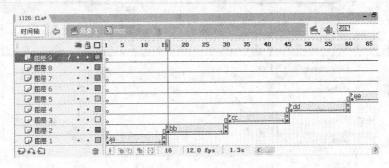

图 30-30

步骤12 新建影片剪辑文件a01

回到场景1中,选择xiao01层中的图片素材,按F8键,弹出"转换为元件"对话框,设置名称为a01;类型为"影片剪辑",单击"确定"按钮,转换为影片剪辑文件,如图30-31所示。

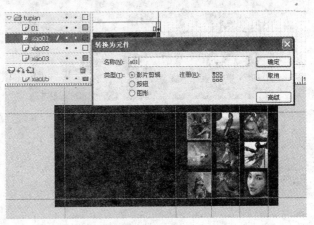

图 30-31

在场景中双击影片剪辑 a01,进入 a01 影片剪辑编辑场景中,选择"图层 1"的图像,按 F8 键,将图像转换为图形文件;分别在第 10 帧和第 20 帧的位置,按 F6 键插入关键帧;选择第 10 帧处的关键帧,单击场景中的图片,在"属性"面板中设置颜色为亮度,亮度值为50%,如图 30-32 所示。

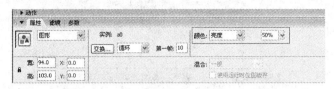

图 30-32

选择"图层 1"的所有帧,在帧上右击,在弹出的快捷菜单中选择"创建补间动画"选项,为"图层 1"的帧之间创建补间动画。

选择"图层 1"的第 1 个关键帧,打开"动作"面板,添加 stop();命令;选择第 2 个关键帧,在"动作"面板中添加 stop();命令;选择第 3 个关键帧,在"动作"面板中添加 stop();命令。

单击"新建图层"按钮 ,新建一个"图层 2",在工具栏中选择矩形工具,在场景中绘制一个宽为 94.0,高为 103.0,颜色为蓝色的矩形文件,如图 30-33 所示。

图 30-33

选择"图层 2"中的矩形,按 F8 键,弹出"转换为元件"对话框,设置名称为 a1,类型为"按钮",单击"确定"按钮,将"图层 2"中的矩形转换为按钮文件,如图 30-34 所示。

双击 a1 按钮文件,打开 a1 按钮编辑场景,在"点击"处按 F6 键插入关键帧,选择"弹起"处的关键帧,按 Delete 键删除掉,如图 30-35 所示。

回到 a01 影片剪辑场景中,选择"图层 2",单击场景中的 a1 按钮文件,打开"动作"面板,在"动作"面板中添加如下命令:

```
on (rollOver) {goto And Play(2);
}
on (rollOut) {goto And Play(11);
}
on (release) {_root.mcc.goto And Play("aa");
}
```

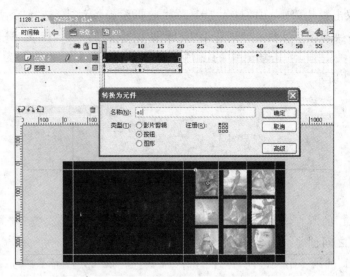

图　30-34

图　30-35

这样一个按钮就完成了。

步骤 13　创建影片剪辑 a02

　　回到"场景 1"中，选择 xiao02 层中的图片素材，按 F8 键，弹出"转换为元件"对话框，设置名称为 a02；类型为"影片剪辑"，单击"确定"按钮，转换为影片剪辑文件，如图 30-36 所示。

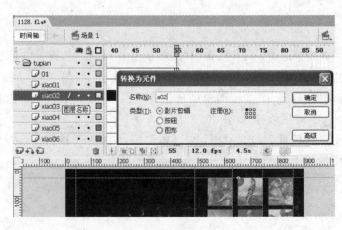

图　30-36

在场景中双击影片剪辑 a02，进入 a02 影片剪辑编辑场景，选择"图层 1"的图像，按 F8 键，将图像转换为图形文件。分别在第 10 帧和第 20 帧的位置，按 F6 键插入关键帧，选择第 10 帧处的关键帧，然后单击场景中的图片，在"属性"面板中设置颜色为"亮度"，亮度值为 50%，如图 30-37 所示。

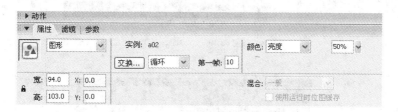

图　30-37

选择"图层 1"的所有帧，右击，在弹出的快捷菜单中选择"创建补间动画"选项，为"图层 1"的帧之间创建补间动画。

选择"图层 1"层的第 1 个关键帧，打开"动作"面板，添加 stop() 命令；选择第 2 个关键帧，在"动作"面板中添加"stop()；"命令；选择第 3 个关键帧，在"动作"面板中添加"stop()；"命令。

单击"新建图层"按钮 🗂，新建一个"图层 2"，在工具栏中选择矩形工具，在场景中绘制一个宽为 94.0，高为 103.0，颜色为蓝色的矩形文件，如图 30-38 所示。

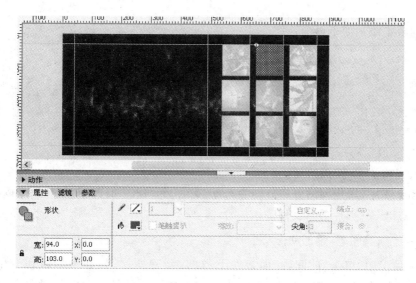

图　30-38

选择"图层 2"中的矩形，按 F8 键，弹出"转换为元件"对话框，设置名称为 a2，类型为"按钮"，单击"确定"按钮，将"图层 2"中的矩形转换为按钮文件，如图 30-39 所示。

双击 a2 按钮文件，打开 a2 按钮编辑窗口，在"点击"处按 F6 键插入关键帧，选择"弹起"处的关键帧，按 Delete 键删除掉，如图 3-40 所示。

回到 a02 影片剪辑场景中，选择"图层 2"，单击场景中的 a2 按钮文件，打开"动作"面板，

数字多媒体技术基础

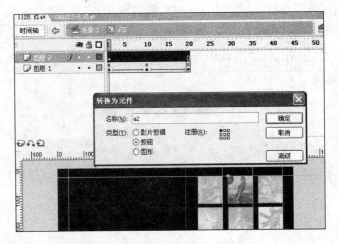

图 30-39

图 30-40

在"动作"面板中添加如下命令：

```
on (rollOver) {goto And Play(2);
}
on (rollOut) {goto And Play(11);
}
on (release) {_root.mcc.goto And Play("bb");
}
```

这样就完成了 a2 按钮的制作。

回到场景 1 中，用相同的方法分别为 xiao03 至 xiao09 层的图像，制作出 a03、a04、a05、a06、a07、a08 和 a09 影片剪辑文件。

步骤 14　新建图层，添加动作命令

回到场景 1 中，单击"时间轴"面板左下方的"新建图层"按钮 ，新建一个图层，重命名为 stop 层，选择 stop 层，在第 55 帧处，按 F6 键插入关键帧，打开"动作"面板，在"动作"面板中输入"stop();"命令，使整个动画在播放到第 55 帧的位置停止，如图 30-41 所示。

步骤 15　输出，预览最终文件

按 Ctrl＋S 组合键保存文件，在菜单中选择"文件"→"导出"→"导出影片"选项（快捷键 Ctrl＋Shift＋Alt＋S），在弹出的"导出影片"对话框中设置影片的名称，单击"保存"按钮，这样就可以观看最终文件了，如图 30-42 所示。

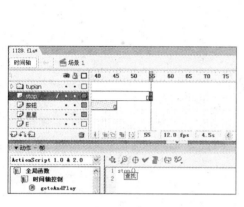

图　30-41

图　30-42

课堂练习

任务背景：学习了用 Flash 制作互动个人主页，掌握了一些程序的运用方法和元件的套用，相信你一定收获不少吧。

任务目标：请按照本课的教程实例方法，制作有个性的个人主页。

任务要求：画面精美，充满趣味性，页面设计有个性。

任务提示：在应用 Flash 软件时，除了掌握图像处理技能外，还要掌握基本的语言使用方法，并延伸使用，这会使你的多媒体创作如虎添翼。

课后思考

（1）请用图像处理软件设计一个精美的个人主页界面。

（2）尝试应用本课案例，制作一个个人主页。